经济社会统筹发展研究丛书

# 中国省域碳排放影响因素及排放权分配研究

欧元明◎著

科学出版社

北 京

# 内 容 简 介

　　作为世界上的发展中大国,中国的能源消费和二氧化碳排放问题已成为国际社会关注的热点问题之一。本书首先对二氧化碳排放相关模型和方法的研究现状进行梳理,其次在省域层面从横向和纵向两个维度对我国二氧化碳排放现状进行分析,再次基于环境库兹涅茨曲线研究省域碳排放与社会产出的伴随关系,接着分别基于 LMDI 方法的加法式和乘法式对省域人均碳排放和工业行业碳排放进行分解分析,基于空间面板 STIRPAT 模型对省域碳排放进行研究,最后讨论省域碳排放公平性、省际转移以及排放权分配问题。

　　本书可作为低碳经济与环境经济学研究人员的参考资料。

**图书在版编目（CIP）数据**

中国省域碳排放影响因素及排放权分配研究/欧元明著. —北京：科学出版社，2017.6

（经济社会统筹发展研究丛书）

ISBN 978-7-03-053633-4

Ⅰ. ①中… Ⅱ. ①欧… Ⅲ. ①二氧化碳–排气–研究–中国 ②二氧化碳–排污交易–研究–中国 Ⅳ. ①X511

中国版本图书馆 CIP 数据核字（2017）第 137541 号

责任编辑：徐 倩／责任校对：高明虎
责任印制：吴兆东／封面设计：无极书装

科学出版社出版
北京东黄城根北街 16 号
邮政编码：100717
http://www.sciencep.com

北京教图印刷有限公司印刷
科学出版社发行 各地新华书店经销

*

2017 年 6 月第 一 版 开本：B5（720 × 1000）
2017 年 6 月第一次印刷 印张：8
字数：149 000

定价：66.00 元
（如有印装质量问题，我社负责调换）

# 总　序

实现民族复兴的中国梦，是中华民族肩负的历史使命。所谓中华民族的复兴，就是毛泽东所说的中华民族"有自立于世界民族之林的能力"[①]的体现。中国梦体现了中华民族的整体利益，是全国各族人民的共同理想。实现中国梦需要全国各族人民的共同努力。完成社会主义现代化的建设任务，则是对中华民族"有自立于世界民族之林的能力"的最好证明。不过，在辽阔的中华大地上，目前经济社会发展还不平衡，欠发达的地区主要分布在少数民族集中居住的民族地区。所以我们必须更加自觉地把统筹兼顾作为深入贯彻落实科学发展观的根本方法，统筹城乡发展、区域发展、经济社会发展、人与自然和谐发展、国内发展和对外开放，为实现民族复兴的中国梦形成和谐相处的局面。

中南民族大学作为国家民族事务委员会直属的综合性高等院校，始终坚持"面向少数民族和民族地区，为少数民族和民族地区的经济与社会发展服务"的办学宗旨，始终立足于民族地区重要现实问题和迫切发展需求，创新民族理论、丰富学术研究、服务发展实际。学校地处湖北省武汉市光谷腹地，也承担着为地方经济与社会发展服务的任务。

长期以来，中南民族大学经济学院将经济学基本原理与方法运用于分析民族地区的经济问题和城市经济问题，为民族地区社会发展、区域经济发展服务。最近，他们又顺应时代要求，精心组织，稳步实施，编写完成了"经济社会统筹发展研究丛书"。该丛书陆续推出的论著，对当前民族地区和城市经济发展中的热点问题进行了深入研究，发现新问题、揭示新规律、总结新经验、探索新路径，为区域经济跨越式发展闯出新道路积极建言献策。与此同时，借此丛书，也可以展示经济学院研究成果，激发研究热情，活跃学术氛围。

民族地区的经济发展，关系到区域经济的协调发展，关系到国民经济和社会全局的战略性发展，关系到中华民族复兴目标的实现。这是时代赋予我们的庄严使命，希望经济学院再接再厉，坚持有所为，有所不为，人无我有，人有我优，人优我特的原则，把研究工作不断推向深入，为建设特色鲜明、人民更加满意的高水平民族大学做出更大的贡献！

李金林

中南民族大学校长、教授

2013 年 7 月 4 日

---

[①] 毛泽东. 毛泽东选集（第 1 卷）. 北京：人民出版社，1991：161.

# 前　言

作为世界上的发展中大国，中国的能源消费和二氧化碳排放问题已成为国际社会关注的热点问题之一。中国已承诺到 2020 年，单位国内生产总值（gross domestic product，GDP）二氧化碳排放比 2005 年下降 40%～45%，国家排放控制目标的实现与否很大程度上取决于如何合理分配地方排放配额。基于此，本书分析省域碳排放现状、影响因素以及排放权分配等问题。

第一，本书没有如同其他研究从总量角度分析省域碳排放现状，而是在核算全国及省域碳排放的基础上，从横向和纵向两个维度分别对依次代表着公平、效率、生态承载力的单年度人均碳排放量、单位区域面积碳排放量、单位 GDP 碳排放量三个角度对省域排放现状进行分析。

第二，本书以散点图形式揭示碳排放与经济增长之间的关系，没有如同其他研究先假定环境库兹涅茨曲线存在，通过引入各种解释变量构造不同的形态，选取不同的方法进行参数估计，并基于估计结果判断环境库兹涅茨曲线是否成立及拐点位置。散点图结果表明，伴随着经济增长，目前仅北京与上海两市出现碳排放峰值，所以环境库兹涅茨曲线暂不适用于省域及国家层面碳排放分析。本书还通过探讨碳排放对城镇居民医疗保健支出的影响回应了社会对碳排放与健康之间关系的关切。

第三，本书基于对数平均迪氏指数（logarithmic mean Disivia index，LMDI）加法分解方法将省域人均二氧化碳排放分解为人均社会总产出、能源效率强度和能源消费碳排放强度三个因素，发现人均社会总产出驱动力度最大，是碳排放增加的主因，能源效率强度和能源消费碳排放强度驱动力度弱，且省际作用方向不一致。基于 LMDI 乘法分解方法将典型省域工业行业的化石能源碳排放指数分解为碳排放系数指数、能源结构指数、能源强度指数、工业规模指数，结果表明工业规模的增加是碳排放增加的最主要推动因素，能源结构和产业结构对碳排放目前并没有产生积极作用，能源结构优化和产业结构低耗能化是中国碳减排和经济转型升级的必由之路。

第四，本书将随机回归环境影响人口富裕程度技术（stochastic environmental impacts by regression on population，affluence and technology，STIRPAT）模型扩展为空间面板形式，分空间滞后和空间误差两种形式，混合模型、空间固定模型、时间固定模型、时空固定模型四种类别，并全部引入质量指标，克服当前文献中解释变量的数量指标和质量指标并存、忽略空间和时间上的异质性、套用环境库兹涅茨曲线等缺陷。结果证实我国省域碳排放存在明显的空间聚群效应，从统计学角度解释实行区域联防联控治理大气污染的必要性，并且目前产出、对外贸易、能源强度、能源结构等指标均促使人均碳排放增加。

　　第五，本书通过构建碳洛伦兹曲线来计算碳基尼系数的方式，从单年度人均碳排放量、单位 GDP 碳排放量、单位区域面积碳排放量三个视角动态化研究省域碳排放公平性问题，克服目前国内研究仅从人均累计排放测算所导致的静态性和视角单一的缺陷。本书还基于碳排放规模转移指数和强度转移指数分析省域碳排放的转移问题。在碳排放公平与转移分析的基础上，本书给出基于单年度世袭原则、跨年度世袭原则、GDP 原则、GDP 排放强度原则、人均排放原则、行政区区域面积原则下的省域排放权分配系数。

欧元明

2016 年 7 月 16 日

# 目　　录

# 第1章 绪 论

## 1.1 研 究 缘 起

党的十八大报告《坚定不移沿着中国特色社会主义道路前进 为全面建成小康社会而奋斗》中首次提出"建设美丽中国"的概念,生态环境问题得到了最大篇幅的表述,涉及两个部分,包括第三部分的全面建成小康社会和全面深化改革开放的目标,第八部分的大力推进生态文明建设更是独立成篇。生态文明不是党的十八大首次提出的,党的十六大提出推动整个社会走上生产发展、生活富裕、生态良好的文明发展道路。党的十七大报告明确提出生态文明。党的十八大报告再次系统化论述生态文明,是对资源环境保护、节能减排一系列战略思想方针的再概括和再升华。由此,中国特色社会主义事业形成了物质文明、精神文明、社会文明、政治文明、生态文明"五位一体"的总布局。

正如党的十八大报告所表述的,低碳模式发展不仅是建设美丽中国,实现中华民族永续发展的要求,更是为人民创造良好生产生活环境,为全球生态安全做出贡献,同国际社会一道积极应对全球气候变化的要求。在 2009 年 11 月 25 日,哥本哈根世界气候大会的前夕,中国国务院常务会议向世界做出了负责任的承诺,到 2020 年单位 GDP 二氧化碳排放比 2005 年下降 40%~45%。这是我国第一次提出二氧化碳减排的量化指标,也是世界主要国家中第一个把碳减排和 GDP 指标挂钩的国家,该减排目标远高于美国提出的 17%的减排承诺。甚至中国在《中美气候变化联合声明》中承诺计划 2030 年左右二氧化碳排放达到峰值且将努力早日达峰。

然而现实并不乐观,党的十八大报告指出资源约束趋紧、环境污染严重、生态系统退化的严峻形势。陈诗一等(2010)发现自 2002 年以来,中国工业再次出现重型化,能耗和碳排放出现前所未有的飙升,碳减排的压力十分艰巨。国务院 2012 年 12 月 5 日公布的《重点区域大气污染防治"十二五"规划》指出,当前我国大气环境形势十分严峻,严重制约社会经济的可持续发展,威胁人民群众身体健康。区域层面能源消费与碳减排的研究已是迫在眉睫、刻不容缓!

《重点区域大气污染防治"十二五"规划》指出,城市间污染相互影响显著;明确区域控制重点,实施分区分类管理;加强能源清洁利用,控制区域煤炭消费总量。党的十八届三中全会通过《中共中央关于全面深化改革若干重大问题的决定》指出，建立资源环境承载能力监测预警机制，建立污染防治区域联动机制。

　　省域、行业是经济社会的基本单元，省域、行业层面的经济增长、能源消费、碳排放实现了可持续发展，整个国家就实现了科学发展、生态文明。本书研究省域经济增长、能源消费对碳排放的影响效应，不同工业行业、不同省域碳排放的影响因素，探索导致碳排放快速增长的驱动因素及影响强度是及时的，具有重大的实际应用价值。本书引入空间面板计量方法，对各省经济增长与能源消费、碳排放间关系进行实证分析，探索能源消费、碳排放的空间群聚效应、溢出效应，基于实证结论，在产业结构调整和能源消费约束下，从空间区域角度提出碳排放权分配的量化指标、政策建议，弥补现有文献的不足，可为国家制定环境保护政策、碳交易试点及推广提供决策参考。

## 1.2　相关研究动态

### 1.2.1　基于环境库兹涅茨曲线实证研究及评述

　　经济发展与环境质量之间的关系一直以来都是环境经济学研究的热点问题。自 1991 年 Grossman 和 Krueger 首次将环境库兹涅茨曲线（environmental Kuznets curve，EKC）用于研究经济增长与环境质量的关系，发现污染物排放量与人均 GDP 间存在倒"U"形曲线关系后，国内外很多学者基于环境库兹涅茨曲线进行了大量研究，结论各不相同。

　　有学者支持环境库兹涅茨曲线。Shafik 和 Bandyopadhyay（1992）在研究空气、水污染物质与人均收入之间关系时，发现倒"U"形曲线对于硫化物和城市的烟雾都是成立的。Selden 和 Song（1994）、Grossman 和 Krueger（1995）、Rothman（1998）、Hilton 和 Levinson（1998）、Kahn（1998）、Coondoo 和 Dinda（2002）、Friedl 和 Getzner（2003）等的研究结果也表明环境库兹涅茨曲线成立，即在经济发展的初级阶段，经济的增长会导致环境恶化，当经济增长和人均收入超越一定水平时，环境污染的情况会随之不断改善。吴玉萍等（2002）通过分析北京 1985～1999 年各项环境指标和人均 GDP 数据，发现人均 GDP 与环境恶化之间存在倒"U"形关系的结论。杨凯等（2003）发现 1978～2000 年上海废弃物排放增长与人均 GDP 之间存在较为明显的倒"U"形环境库兹涅茨曲线特征。包群和彭水军（2006）基于 1996～2000 年中国省域 6 类环境指标的面板数据研究并证实中国存在环境库兹涅茨曲线。何立微（2007）选取西安市人均 GDP 与大气环境污染物等相关数据，建立环境库兹涅茨曲线模型，采用三次函数形式进行分析，发现人均工业废气排放量与人均 GDP 之间基本符合正"U"形环境库兹涅茨曲线关系。高振宁等（2004）、李春生（2006）、施平（2010）、高宏霞等（2012）都得出同样的结论。

也有学者认为环境库兹涅茨曲线不成立。Kaufmann（1995）、Kaufmann 等（1998）都认为经济发展与二氧化硫排放量之间的关系不是倒"U"形的，而是正"U"形的。Egli（2001）、Day 和 Grafton（2003）发现德国与加拿大两国也不存在环境库兹涅茨曲线。Meyer 等（2003）研究统计了 100 多个国家的经济与环境数据，得出人均收入与环境恶化之间呈正"U"形曲线。Bertinelli 和 Strobl（2003）基于半参数回归方法也没有发现经济增长与环境恶化之间呈现传统的倒"U"形环境库兹涅茨曲线。Agras 和 Chapman（1999）、Roca 和 Hntara（2001）、Azomahou 等（2006）、Galeotti 和 Lanza（2005）、Richmond 和 Kaufmann（2006）、He 和 Richard（2009）均发现并不存在环境库兹涅茨曲线。曹光辉等（2006）利用整个中国的人均三废排放量和人均 GDP 数据进行分析，结论认为我国的环境处于随经济增长而恶化的阶段，并未出现倒"U"形的环境库兹涅茨曲线。赵细康等（2005）用八种污染物分析中国经济发展与环境污染之间的关系，发现大部分环境指标并不呈现传统的倒"U"形，中国经济增长与环境质量之间的关系并未呈现良性发展的势头，许多污染物的排放总量随着经济的增长仍在继续增加。Song 等（2008）基于中国的 29 个省份 1985～2005 年的数据发现，人均废气、废水、废物排放量随人均 GDP 增长而增长，不支持环境库兹涅茨曲线。马树才和李国柱（2006）采用二次和三次曲线方程分析各省份三废排放量，发现只有工业固体废弃物随经济增长是下降的，废水和废气排放量都是随经济增长而增长的，不支持环境库兹涅茨曲线的存在。

还有学者不完全支持环境库兹涅茨曲线。肖彦等（2006）通过建立二次、三次函数形式的环境库兹涅茨曲线模型，发现广西人均 GDP 与工业废水排放量呈正"U"形关系，与工业废物及工业废气排放量则不存在倒"U"形关系。蔡昉等（2008）以人均二氧化硫排放为分析对象，估计了我国二氧化硫的环境库兹涅茨曲线，认为东部省份出现了倒"U"形的曲线，但大部分省份还没越过拐点，而中西部省份则处于曲线的上升阶段。许广月和宋德勇（2010）基于我国 1990～2007 年的省际面板数据研究我国碳排放环境库兹涅茨曲线的存在性，发现中国东部地区和中部地区存在人均碳排放环境库兹涅茨曲线，西部地区不存在该曲线。

有很多学者研究发现，经济发展和环境之间的关系还存在不同于倒"U"形的其他形状的曲线。Martinez-Zarzoso 和 Bengochea-Morancho（2004）基于经济合作与发展组织（Organization for Economic Cooperation and Development，OECD）成员国 1975～1998 年的二氧化碳数据，发现 OECD 的大部分国家存在"N"形环境曲线，而一些不发达国家则存在倒"N"形环境曲线。张捷和张玉媚（2006）等通过对广东省 1985～2003 年单位 GDP 与工业废水排放量、工业废气排放量与工业废物排放量之间关系的研究，发现广东省的人均 GDP 与工业三废排放量之间呈现一种类似"N"形的关系。Mazzanti 等（2006）采用分层的贝叶斯估计法估计了所建研究模型中的参数，他们认为环境库兹涅茨曲线的形状受到其所选研究样本的影响，其中工业化程度很高的国家存在倒"U"形曲线关系，并且有可能发展为"N"形曲线，不发达国家则存在正的线性关系曲线。胡初枝等（2008）采用平均分配余量的分解方法，构建中国碳排放的因素分解模型，分析 1990～2005 年经济规模、产业结构和碳排放强度对碳排放的作用程度，认为从总的方面来看经济增长与碳排放之间呈现出"N"形曲线关系。Diao 等（2009）在研究中国经济发展与环境质量之间关系时，发现所选指标不同，得出的结论也有所不同，如倒"U"形关系、线性关系、"N"形关系。

　　基于文献整理，发现国内外文献共同的特点就是首先主观地给出环境库兹涅茨曲线的具体形式，然后基于二次多项式或三次多项式的单时间序列模型，或扩展为面板模型，并据此采用各种不同的估计方法求解模型参数、验证模型是否存在，甚至基于结果来检验曲线拐点、做预测等。

## 1.2.2　基于 LMDI 方法对碳排放的研究及评述

　　20 世纪 80 年代，指数分解法的理论体系和应用方法得到不断的发展和完善。随着世界各国对气候变化以及二氧化碳减排问题的日趋关注，一些学者采用指数分解法对碳排放量及影响因素进行研究。Ang 和 Pandiyan（1997）基于迪氏指数方法将中国和韩国各行业能源消费所产生的二氧化碳排放强度分解为四个因子：燃料的碳排放系数、生产结构、燃料构成和部门能源强度，结果表明部门能源强度影响最大，而燃料的碳排放系数下降和生产结构、燃料构成影响相对较小。Schipper 等（2001）采用自适应权重迪氏分解方法分析了 13 个国际能源署（International Energy Agency，IEA）成员国制造行业的碳排放，发现相较于 1973 年，大多数成员国的制造业排放水平在 1994 年还有所下降。虽然出口贸易量的增加对碳排放量产生了正向效应，但是能源使用效率的提高不仅完全抵消了这种效应，而且燃料组合效用的改变也降低了碳排放水平。

　　Ang（2004；2005）比较了各种指数分解分析方法后认为，LMDI 方法最适合用于对能源和碳排放的分解分析研究。

　　Lee 和 Oh（2006）基于 LMDI 方法对亚洲太平洋经济合作组织（Asia-Pacific Economic Cooperation，APEC）成员国 $CO_2$ 排放量分解发现，人均 GDP 和人口数量才是导致碳排放量增长的最主要因素。Sheinbaum 等（2010）研究墨西哥钢铁行业 1970～2006 年的能源和二氧化碳排放量的发展趋势，基于 LMDI 方法把碳排放分解为规模、结构和技术效应，结果表明规模效应对碳排放增长的贡献值达到了 227%，而结构和技术效应则分别为–5%和–90%，后两者的效应根本无法抵消由前者所拉动的碳排放量的持续增长。

国内当前对碳排放分解的文献也比较多。王伟林和黄贤金（2008）发现江苏省碳排放强度变动由行业碳排放强度和行业产出份额共同作用。相对于行业产出份额，行业碳排放强度对整个社会碳排放强度变动影响更大。而工业行业对整个社会碳排放强度贡献较大，工业部门内部结构变化对碳排放强度变化有较大影响。

朱勤等（2009）发现我国 1980～2007 年产业结构整体变化对该阶段碳排放增长未能表现出负效应，其主要原因是产业规模占 GDP 近半的第二产业的碳排放呈现长期增长态势，其贡献率抵消了第一、三产业对碳排放增长的负效应。

赵欣和龙如银（2010）采用 LMDI 分解方法的线性方式分析发现 1996～2007 年江苏省经济规模效应是正向决定性因素，技术进步效应与能耗结构效应是负向决定性因素，产业结构调整的影响较弱。

董军和张旭（2010）运用对数平均权重分解法对我国 1995～2007 年三大工业部门三种能源消费进行分析，结果表明工业能源强度显现出了对碳排放明显的负影响，工业总量增长引起能源消耗上升是导致碳排放总量迅速增长的直接原因，并且该效应已经抵消了能源强度效应对碳减排的贡献。

陈诗一等（2010）对中国 1995～2007 年的二氧化碳排放按六个产业部门东中西三大区域的三种能源种类进行了三维驱动因素分解，发现居民生活消费对碳排放的影响较低，应该通过转变资本驱动型的增长模式、提高能源生产率和资本生产率、优化能源结构和产业结构来切实实行碳减排。

李志强和王宝山（2010）通过 LMDI 分解方法模型研究发现，1990～2008 年经济增长因素对山西人均碳排放的拉动作用呈指数增长，能源结构和能源效率在碳减排方面的抑制作用不断弱化。

郭朝先（2010）运用 LMDI 分解方法对中国 1995～2007 年的碳排放从产业层面和地区层面进行了分解。结果表明：经济规模总量的扩张是中国碳排放继续高速增长的最主要因素，能源利用效率的提高则是抑制碳排放增长的最主要因素，产业结构或者地区结构的变化、传统能源结构的变化对碳排放影响有限，潜力还没有发挥出来。

孙宁（2011）采用 LMDI 分解方法探讨了 2003～2008 年影响制造业 30 个分行业二氧化碳排放的主要因素。结果表明技术进步导致的能源强度降低是使得制造业所有分行业碳排放减少的最主要因素。

潘雄锋等（2011）发现我国制造业碳排放强度在 1996～2007 年整体呈现出下降的趋势，这种下降是由效率引起的，而结构则引起了碳排放强度的提升。

仲云云和仲伟周（2012）通过计算 1995～2009 年我国的 29 个省份的碳排放量，发现人均 GDP 是促进碳排放增长的决定因素，产业部门的能源强度下降是抑制碳排放增长的主要因素。

　　孙作人等（2012）基于非参数距离函数和环境生产技术分析我国工业 36 个行业碳排放的驱动因素。结果表明，潜在能源消费碳排放强度对二氧化碳排放强度下降的贡献要小于潜在能源强度，能源强度调整空间更大；能源消费碳排放强度由于煤炭占总能源消费比例过高趋势并未扭转，致使结构节能的潜力并未有效释放；能源利用技术效率改善不明显，各行业能源利用技术效率差异成扩大趋势。

　　顾成军和龚新蜀（2012）用 LMDI 分解方法对新疆 1999～2009 年的人均碳排放进行研究。结果表明：能源结构和能源强度起抑制效应，且能源强度的抑制效应大于能源结构的抑制效应；产业规模和人口规模起拉动效应，且产业规模的拉动效应大于人口规模的拉动效应。能源强度和能源结构的抑制效应难以抵消由产业规模和人口规模拉动的新疆人均碳排放的增长。

　　佟新华（2012）基于 LMDI 分解方法研究发现经济发展、产业结构和人口规模变化对中国工业碳排放均具有较大的累积贡献；经济发展效应远超过了能源结构效应；工业能源消耗强度因素表现为唯一的负效应。

　　孟彦菊等（2013）运用云南省分行业能源消费数据分析发现消费与投资扩张效应是碳排放增长的主要影响因素，碳排放强度变动效应是节能减排的原动力；人均 GDP 增长是拉动云南省碳排放增长的决定性因素，而能耗强度下降是抑制碳排放增长的主要原因。

　　吴振信等（2014）运用 LMDI 分解方法对北京 1995～2010 年的能源碳排放进行了因素分解，发现北京地区能源强度是能源碳排放最大的负向驱动因素，能源结构和产业结构因素对减排做出了很大的贡献，而经济发展规模与人口规模是拉动北京地区碳排放增长的主要因素，交通运输业对北京地区的能源碳排放影响不容忽视。

　　综合来看目前相关研究存在以下不足：①以国家层面分行业研究居多，而研究省域工业行业的文献相对不足；②文献对能源种类表述不统一，一般只统计煤、石油、天然气三种，分析结论难免有失公允；③文献分析周期跨度较大，而我国统计标准又有较大调整，故文献对相关数据都进行各种合并归类处理。本书将分析在省域工业行业上的范畴界定，且不对统计数据做主观处理，相信结论会更为客观。

## 1.2.3　基于空间计量方法对碳排放的研究及评述

　　近年来基于空间计量经济学方法研究我国能源消费、碳排放问题的文献并不少。郝宇等（2014）基于面板数据的空间计量模型分析了中国能源消费和电力消费的环境库兹涅茨曲线。

　　郑长德和刘帅（2011）采用空间计量经济学的方法实证分析，发现我国各省份的碳排放在空间分布上表现出一定的空间正自相关性。

许海平（2012）采用空间计量经济学的方法研究发现我国的 29 个省份 2000～2008 年人均碳排放和人均收入均表现出明显的空间集群特征，人均碳排放与人均收入呈倒"U"形曲线关系，城市化水平、就业人员比重和技术进步是导致我国人均碳排放量增长的重要因素，对外贸易在一定程度上减少了人均碳排放。

李博（2013）发现地区人均碳排放之间存在显著的空间相关性；地区技术创新能力的提升对抑制碳排放有积极影响，而且存在积极的空间外溢效应。

姚奕和倪勤（2011）发现我国各地区的碳强度存在着显著的空间相关性，外国直接投资（foreign direct investment，FDI）能有效地降低我国各地区的碳强度。

程叶青等（2013）发现省域能源消费碳排放强度具有明显的空间集聚特征，且集聚程度有不断增强的态势；能源强度、能源结构、产业结构和城市化率对能源消费碳排放强度时空格局演变具有重要影响。

肖宏伟和易丹辉（2013）研究发现除能源强度、能源价格、对外开放因素，投资规模、工业经济效益、能源结构等均显著影响区域工业碳排放规模和排放强度。

陈青青和龙志和（2011）基于面板数据空间误差分量模型研究 1997～2007 年省级碳排放，发现碳排放量存在显著的正向空间相关性；碳排放量与人均 GDP 呈倒"N"形环境库兹涅茨曲线；优化能源结构和控制人口增长能抑制碳排放增长。

综合这些文献来看也存在不足之处：①有些研究没有考虑规模因素的影响，解释变量中数量指标和质量指标并存；②部分研究忽略了对我国碳排放具有重要影响的对外开放因素、城市化因素，失之偏颇；③大部分文献是基于空间截面数据或空间混合数据的分析方法，应用空间面板数据的方法并不多；④一些文献基于环境库兹涅茨曲线来研究碳排放，而欧元明和周少甫（2014）认为目前仅有北京、上海两地呈现倒"U"形特征，其他省份以及全国层面没有出现倒"U"形迹象，故基于环境库兹涅茨曲线的研究值得推敲。

## 1.2.4　基于 STIRPAT 模型对碳排放的研究及评述

Ehrlich 和 Holdren（1971）提出了环境影响决定因素的 IPAT 分析框架。基于这个分析框架，Dietz 和 Rosa（1997）发展出了 STIRPAT 模型。STIRPAT 模型保留了 IPAT 模型中环境影响和人口、富裕度、技术的关系的主要思想，还克服了它的一些缺点：抛弃单位弹性的假设，加入随机性便于实证分析，而且能通过对技术项的分解，基于 STIRPAT 模型，展开了很多关于人类经济和社会活动同碳排放之间关系的研究。

York 等（2003）通过比较 IPAT、ImPACT 和 STIRPAT 三种模型的优劣性，分析了收入水平、人口和气候等因素对碳排放的影响，最后指出，城市化对碳排放的影响也是不可忽视的。

Cole 和 Neumayer（2004）用 STIRPAT 模型考察 1975～1998 年 86 个国家的碳排放，证明碳排放和人口、城市化率、能源强度和家庭规模有关。此外，更高的城市化率会导致更多的碳排放量。

Phetkeo 和 Shinji（2010）利用 99 个国家 1975～2005 年的面板数据，通过收入水平，分为高、中、低收入三个面板，基于 STIRPAT 模型，结果发现，城市化水平的提高降低了低收入国家的能源使用量，但是增加了高、中收入国家的能源使用量；对于所有国家而言，城市化水平对于碳排放量都起到了推波助澜的效应，其中以中等收入国家尤甚。

Shi（2003）用 STIRPAT 模型研究 94 个国家的碳排放，结果显示，对于不同收入水平组，人口变化对碳排放量变化的影响明显不同，人口每增加或减少 1%以上，4 个不同收入水平组的碳排放量将分别增加或减少 1.58%、1.97%、1.42%和 0.83%。

朱勤等（2009）基于岭回归方法和扩展的 STIRPAT 模型对中国 1980～2007年碳排放进行统计实证发现，在该阶段，人口城市化率的变化已经比人口规模的变化对碳排放更有影响力。

张传平等（2012）利用改进的 STIRPAT 模型，采用面板固定效应对中国工业39 个分行业二氧化碳排放影响因素进行实证研究，结果表明以能源强度为代表的能源技术、产业结构、能源消费是影响工业碳减排的主要因素。

任晓松和赵涛（2013）基于 STIRPAT 模型采用向量自回归（vector autoregression，VAR）模型估计了中国 1978～2011 年二氧化碳排放影响因素的动态冲击效应。研究结果发现，二氧化碳排放和人口、人均 GDP、技术水平之间存在稳定的动态影响关系，人均 GDP、技术水平始终对二氧化碳排放起着正向冲击效应。人口因素先对二氧化碳排放起负向冲击效应，而后起正向冲击效应。

吴英姿等（2014）基于改进的 STIRPAT 模型，以 1995～2010 年按碳排放特征分组的中国工业面板数据为样本，实证研究我国工业碳排放与经济增长关系及其主要影响因素。研究结果表明：中国碳排放与经济增长关系具有"U"形曲线特征，拐点处的经济产出高排放强度行业低于低排放强度行业。资本存量对工业碳排放的正向影响作用大于劳动力总量，科研投入有利于高排放强度行业减排，化石能源结构调整不能促进工业减排。

陈操操等（2014）采用 STIRPAT 模型和偏小二乘模型对北京 1990～2011 年能源消费碳足迹的影响因素进行评估，结果显示，城市化、人均收入、人口是碳排放最主要的正向驱动因素，而能源消费强度、产业结构和研发投入比重等因素导致碳排放减少。

## 1.2.5 关于碳排放公平的研究及评述

碳排放权分配与国家经济发展关系密切，因而在应对全球气候变化的各项国际措施中也是各国争议的焦点。碳排放不公平性研究正是因其可作为各国划分排放权的重要依据而受到关注。Heil 和 Wodon（1997）最先进行了国际碳排放公平性的测度，基尼系数等经济学测量工具也首次应用于碳排放领域。此后国际碳排放不公平性研究受到了国内外学者日益广泛的关注。

很多研究借用了收入分配公平的研究思路，将不同的收入分配指数在排放公平问题中进行了应用。Hedenus 和 Azar（2005）利用 Atkinson 指数测度了国家间人均排放的不公平。Duro 和 Padilla（2006）利用 Theil 指数解释了人均排放的不公平很大程度上源于人均收入的不均。Heil 和 Wodon（2000）利用基尼系数测度了不同国家人均排放的不公平。用得比较多的测度方法有基尼系数、Theil 指数、Kakwani 指数、变异系数等方法，其中基尼系数和 Theil 指数是目前最常见、最系统化的碳排放不公平性的计算方法，其原因可能正如 Shorrocks 所认为的，基尼系数容易理解、算法成熟，Theil 指数则可以完全可分解，不会产生剩余项（Shorrocks，1980）。

何建坤等（2000；2007；2009）、陈文颖等（2005）、丁仲礼等（2009）以人均累计碳排放为指标揭示发达国家与发展中国家在历史责任方面的差异，认为国家间以人均累计排放指标最能体现共同而有区别的责任的原则和公平正义的原则，并提出了人均累计排放趋同的原则。在人均累计排放趋同的原则下，潘家华（2008）又提出了碳预算和碳排放权账户等方法。不过，滕飞等（2010）、宋德勇和刘习平（2013）认为人均历史累计排放揭示了各区域在历史责任方面的差异，但不能以一个综合性的指标涵盖所有区域在人均累计排放方面的差距，也不能以概括的方式对排放空间划分的公平性做出测度。

目前存在文献值得完善的有两点：①基于跨年度的数据计算，使得度量静态化；②人均排放量为基础计算，使得角度较为单一。本书拟借鉴 Groot（2010）的单年度的方法，选择人均碳排放量、单位 GDP 碳排放量、单位区域面积碳排放量三个指标构建碳洛伦兹曲线并计算碳基尼系数。

## 1.2.6 关于碳排放转移的研究及评述

许多发达国家凭借其技术和资本优势，将一些高碳排放产业转移到发展中国家，从而出现碳转移。很多学者对国际贸易中碳转移问题进行研究，如 Munksgaard

和 Pedersen（2001）、Ahmad 和 Wyckoff（2003）、沈利生（2007）、Pan 等（2008）、Peters 和 Hertwich（2008）、余慧超和王礼茂（2009）、Peters 等（2011）、丛晓男等（2013）、闫云凤等（2013）。

中国幅员辽阔，区域之间资源禀赋，经济水平、产业结构上都存在较大差距，更关键的是区域之间的贸易壁垒相对于国家之间大为减少，因此必然出现碳转移。针对中国区域间碳转移也有很多研究。龚峰景等（2010）、黄宝荣等（2012）分别以上海和北京为例进行研究。Meng 等（2011）研究了中国区域间电力供应与消费引起的碳排放转移。姚亮和刘晶茹（2010）利用环境投入产出−生命周期方法及1997 年中国区域间投入产出表研究了 1997 年中国主要区域间碳排放的转移，刘红光和范晓梅（2014）利用区域间投入产出模型构建了区域间隐含碳排放转移的核算方法，并计算了 1997 年和 2007 年中国 8 个主要区域间隐含的碳排放转移及其变化。闫云凤（2014）建立多区域投入产出模型，测算和比较我国 8 个地区的消费碳排放，发现 2007 年全国形成了"西部→中部→东部沿海"输出隐含碳的空间格局，认为中西部区域实际上承担了东部沿海区域消费的外部性，应大力推进生态补偿政策。肖雁飞等（2014）根据投入产出原理并结合中国 2002 年、2007年区域间投入产出表基本数据，对中国八大区域间以出口和消费为导向的产业转移规模、流向和行业进行定量测评，发现西北和东北等地区成为碳排放转入重灾区，北京、天津和北部沿海等地区则表现出产业转移碳减排效应。

还有一些文献针对省域展开研究。石敏俊等（2012）应用 2007 年各省份投入产出模型和 2002 年各省份投入产出模型测算了省份间的碳足迹和碳排放转移，并指出减排责任的区域分解需要考虑碳排放空间转移的因素，适当减轻能源富集区域和重化工基地分布区域的减排责任，或使沿海发达省份向能源富集区域和重化工区域提供资金和技术上的扶持，帮助这些区域提高能源利用效率，减少碳排放。赵慧卿（2013）基于我国的 30 个省份的扩展型投入产出表，对省际产品贸易的隐含碳排放进行测算，认为国家分配减排责任时，应强化"消费者负责"原则，适度增加高能耗产品消费地减排责任，激励沿海省份对能源富集省份进行资金、技术和人才支持，以实现全国总体减排目标。刘佳骏等（2013）利用全国省级面板数据，结合重心模型对全国经济总量、碳排放与碳排放强度重心转移轨迹进行研究，认为能源效率的区域分布不均衡是导致碳排放重心与经济重心移动轨迹出现偏离的主要原因，施行技术节能仍然是中国降低碳排放最直接、最有力的政策措施。孙立成等（2014）以投入产出表为基础，采用碳排放系数法分别测算了中国省际区域碳排放转入总量及碳排放转出总量，通过构建基于地理特征和经济特征的空间权重矩阵，使用地理加权回归模型分别研究了中国省际区域碳排放转移的空间分布特征。

综合来看，尽管研究碳转移的文献不少，但研究我国省域的文献不多，而且这些文献基本上都是基于投入产出表来计算的，而我国投入产出表每 5 年编制一次，现有 2002 年、2007 年两套，数据量不足。本书研究将借鉴张为付等（2014）提出的碳排放规模转移指数和碳排放强度转移指数分析方法，解决数据不足的问题。

## 1.2.7　关于碳排放权分配的研究及评述

国外对于排放权分配制度的理论与实践研究由来已久，其中，基础理论研究主要集中在三个方面：排放权分配机制的优势和成本效率、排放权分配方式以及排放权交易市场的相关制度。

根据研究的需要，本书对研究排放权分配方式的文献予以整理。排放权分配方式有配额在国家之间的分配和配额在国家或区域内部的分配两个层面。国家之间的排放权分配方式目前主要有三种：英国全球公共资源研究所提出的目标年全球统一人均碳排放目标的"紧缩与趋同"方法；巴西提出的对全球温度上升相对责任的累计历史碳排放权分配方法；美国主张强调效率原则的按单位 GDP 排放强度指标进行排放空间的分配。

我国学者也广泛参与研究。潘家华和郑艳（2009）认为应该基于人际公平原则进行碳排放配额分配；张磊（2010）提出应该基于人类发展指数、人均历史累计排放和气候变化脆弱性三个指标应对全球气候变化的新思路；杨通进（2010）提出全球正义原则；丁仲礼等（2009）认为人均累计排放指标最能体现共同但有区别的责任原则，而王小钢（2010）探讨了共同但有区别的责任原则的使用和限制条件。陈文颖等（1998；2005）、姜克隽等（2008；2009）、吴静和王铮（2009；2010）等多位学者对中国及其他发展中国家参与下的全球减排的配额方案展开了研究。

也有一些学者对我国内部排放配额开展研究。蒙少东（1999）、钱谊和周军英（2001）基于美国排放配额制度，庄贵阳（2006）以欧盟碳排放配额机制为蓝本，陈迎（2006）在英国减排政策工具的基础上探讨了我国的排放配额交易机制。陈德湖等（2004）基于寡头垄断市场、徐瑾和万威武（2002）基于交易成本、王万山和廖卫东（2003）从产权角度、刘小川和汪曾涛（2009）基于方案对比、吴洁和曲如晓（2010）通过探索碳期权定价等方式就如何优化排放配额分配机制以提高减排效率开展研究。

吴静和王铮（2010）通过对比世袭原则、平等主义原则、支付能力原则下中国省份的分配配额，认为支付能力原则更适合省域碳排放权分配方案。郁璇（2013）对我国省域的人均碳排放和人均收入关系进行分析，提出以人均碳排放原则作为我国国内碳排放配额的分配依据，并将国家基于 GDP 经济发展总量的相对碳强度减排目标分解为省域的强制性总量减排目标。刘晓（2012）在历史累计碳排放以及对未来碳排放需求量估测的基础上，综合考虑 5 个原则（世袭原则、GDP 原则、人口原则、GDP 人口原则以及支付能力原则）对省级区域的配额进行分配。

综合来看，国内大部分学者对省域碳排放配额分配研究是建立在对未来国家碳排放量的估测上，然后基于世袭原则、平等主义原则、GDP 原则、GDP 人口原则、支付能力原则或者它们的结合来分解到省份。本书认为配额分解并不是非要用绝对数不可，给出分配系数更严谨，毕竟对于转型期快速发展的国家或地区而言，预测多是不准确的；再者现有文献并没有将配额分配和生态承载力结合起来分析，本书将进行一些探索，结合公平、效率以及生态承载力对比各分配额方案。

# 1.3　本书研究内容

## 1.3.1　主要研究内容

本书首先对二氧化碳排放相关模型和方法的研究现状进行梳理，其次在省域层面从横向和纵向两个维度对我国二氧化碳排放现状进行分析，再次基于环境库兹涅茨曲线研究省域碳排放与社会产出的伴随关系，接着分别基于 LMDI 方法的加法式和乘法式对省域人均碳排放和工业行业碳排放进行分解分析、基于空间面板 STIRPAT 模型对省域碳排放进行研究，然后讨论省域碳排放公平性、省际转移以及排放权分配问题，最后对本书所做的研究进行总结和展望。本书的结构安排如下。

第 1 章是绪论部分，主要阐述本书的背景意义，对国内外相关研究成果进行梳理和评述，并介绍了本书的研究内容、方法和创新点。

第 2 章解释碳排放的计算方法，从横向与纵向两个维度和人均碳排放量、单位区域面积碳排放量、单位 GDP 碳排放量三个视角对省域排放现状进行分析。

第 3 章在分析环境库兹涅茨曲线形成机制的基础上，用散点图揭示省域碳排放与社会产出的关系，以此判断环境库兹涅茨曲线方法是否能够应用于当前阶段我国省域碳排放的分析，还基于空间面板的方法分析碳排放对城镇居民医疗保健支出的影响。

第 4 章首先对指数分解法的一般形式进行介绍，然后基于 Kaya 恒等式给出 LMDI 加法式分解模型，将碳排放分解为人均社会总产出、能源效率强度和能源消费碳排放强度三个因素，最后基于分解结果对 30 个省份和全国层面[①]进行分析。

第 5 章首先较为系统地介绍空间面板计量理论，然后将 STIRPAT 模型扩展为空间面板形式，最后基于空间面板 STIRPAT 模型对省域碳排放进行研究。实证研

---

① 本书研究数据未包含西藏和港澳台地区。

究的基本思路是在空间滞后和空间误差两种形式下讨论确认是固定效应而非随机效应的基础上，分为混合模型、空间固定、时间固定、时空固定四种具体估计模型并展开实证分析，揭示人均产出、对外贸易、能源强度、能源结构、人口密度、城市化率、产业结构等指标与人均碳排放之间的关系。

第 6 章基于 Kaya 恒等式给出 LMDI 乘法式分解模型，对以山西、云南、北京为典型的省份和全国层面的工业化石能源消耗产生的二氧化碳进行纵向和横向两个维度的分解，并从能源结构、行业结构、工业规模三个角度探讨如何减少碳排放。

第 7 章在洛伦兹曲线和基尼系数基础上，分别从单年度人均碳排放量、单位区域面积碳排放量以及单位 GDP 碳排放量三个角度构建碳洛伦兹曲线和碳基尼系数，并基于该方法分析省域碳排放公平性问题。

第 8 章基于碳排放规模转移指数和碳排放强度转移指数研究1997～2011年碳排放的省际转移问题。

第 9 章基于碳排放单年度世袭原则、跨年度世袭原则、GDP 原则、GDP 排放强度原则、人均排放原则、行政区区域面积原则探讨了碳排放权分配的问题。

## 1.3.2　主要研究方法

本书将遵循规范分析与实证分析相结合的方法进行研究，以规范分析为理论基础，以实证分析为重点，力争用数据说话，运用宏观经济学、统计学、计量经济学等理论知识和方法，对省域碳排放的驱动因素进行分解分析，以便能从省域视角提出建立低碳经济、建设"美丽中国"与生态文明的政策建议。本书主要采用以下研究方法。

（1）规范分析和实证研究相结合。本书依据经济学等相关理论对二氧化碳排放的主要影响因素进行分析，并基于此对未来一段时期我国及省域二氧化碳排放的趋势做出判断，然后结合相应研究期内的统计数据对碳排放关于医疗保健支出的影响、碳排放的影响因素等问题进行实证研究，并结合我国的碳减排目标提出对策与建议。

（2）数理建模法。本书在研究中采用 LMDI 分解方法研究省域及全国层面碳排放的驱动因素。其中采用 LMDI 加法式分解法对人均碳排放进行分解，采用 LMDI 乘法式分解法对部分典型省域和全国层面的工业行业化石能源所产生的碳排放进行分解。

（3）横向比较与纵向比较相结合的分析方法。为了更详尽、直观、清晰地揭示省域碳排放的时空演变特征，本书既横向比较特定年度省域之间以及全国层面人均碳排放量、单位区域面积碳排放量、单位 GDP 碳排放量等方面存在的差异，又以年度为时间刻度来纵向研究省域及全国层面上述三个指标的演变情况。

（4）基于空间面板 STIRPAT 模型分析方法。为弥补以往研究单纯采用面板数据、忽视空间异质性存在的缺陷，本书扩展 STIRPAT 模型，并基于此构建空间面板数据模型，采用空间计量分析技术，对碳排放与人均产出、对外贸易、能源强度、能源结构、人口密度、城市化率、产业结构等指标的关系进行实证分析。

### 1.3.3　主要创新点

本书的拟创新之处主要体现在以下三个方面。

（1）有别于一般文献以碳排放总量的方式描述国家及省份排放现状，本书基于依次代表公平、效率、生态承载力的单年度人均碳排放量、单位 GDP 碳排放量、单位区域面积碳排放量三个指标从横向和纵向两个维度来揭示各省份及全国层面的碳排放现状，更有利于全面、客观、准确地认识省域碳排放现状及其空间分布特征。

（2）对碳排放影响因素的研究，本书分三类：基于 LMDI 加法式分解法对省域人均碳排放分解、基于 LMDI 乘法式分解法对典型省域工业行业碳排放分解、基于空间面板 STIRPAT 模型对省域人均碳排放实证分析。其中实证分析模型又分空间滞后和空间误差两种形式，混合模型、空间固定模型、时间固定模型、时空固定模型四种类别，共计八种具体模型。本书的研究方法、研究角度和研究内容相对更为完整，研究结论能够相互印证，其可信度更高。

（3）本书基于单年度人均碳排放量、单位 GDP 碳排放量、单位区域面积碳排放量三个指标的年度水平计算碳基尼系数，多角度、动态测度 1995～2011 年省域碳排放公平问题，克服目前国内研究仅从人均累计排放测算导致的静态和视角单一的缺陷。本书还基于碳排放规模转移指数和碳排放强度转移指数分析省域碳排放的转移问题。在碳排放公平与转移分析的基础上，本书给出基于单年度世袭原则、跨年度世袭原则、GDP 原则、GDP 排放强度原则、人均排放原则、行政区区域面积原则下的省域排放权分配系数，这样的分配方案更能够反映各地实际状况、平衡各地区诉求，更有利于推动碳减排。

# 第2章 省域碳排放现状

## 2.1 碳排放核算

《2006 年 IPCC 国家温室气体排放清单指南》指出，二氧化碳来源于能源部门化石燃料的燃烧，工业生产过程中化石燃料作为原料和还原剂使用，农业、林业和其他土地利用过程中生物量、死亡有机物质、矿质土壤碳库变化等方面。其中，二氧化碳的主要来源是化石燃料燃烧。正是因为能源部门的二氧化碳排放在总碳排放量中占有的绝对位置，本书研究的碳排放特指化石能源燃烧导致的二氧化碳排放。

### 2.1.1 核算方法

我国目前并无权威机构直接提供国家、地区、行业等层面的二氧化碳排放量数据，因此，碳排放研究的第一步就是要估算碳排放量。基于研究对象的不同，碳排放量的获取和估算也会随之不同。像国家层面历年碳排放量，可以从国外研究机构获取，如美国能源部所属的科学和能源研究实验室——橡树岭国家实验室二氧化碳信息分析中心（Carbon Dioxide Information Analysis Center，CDIAC）提供的各国碳排放数据，IEA 公布的 20 世纪 90 年代后期以来的年度碳排放数据，而地区或行业碳排放量数据，则必须基于不同的碳排放计算方法来计算。目前最主流的计算方法主要有一次能源消费法和终端能源消费法，本书基于终端能源消费法计算碳排放。

终端能源消费法则是基于能源平衡表终端能源消费量来估算碳排放，而忽略在加工转换、运输等过程中损失的能源的碳排放，以避免重复计算。根据 2006 年联合国政府间气候变化专门委员会（Intergovernmental Panel on Climate Change，IPCC）为《联合国气候变化框架公约》及其补充条款《京都议定书》所指定的国家温室气体清单指南第二卷第六章提供的方法，化石能源燃烧所产生二氧化碳排放总量可以根据各种能源消费导致的二氧化碳排放估算量加总得到。具体来说：各个地区化石能源燃烧产生的二氧化碳排放量由式（2.1）计算：

$$CO_2 = \sum_{i=1}^{n} E_i \cdot c_i \qquad (2.1)$$

式中，$E_i$ 为第 $i$ 种能源的消费量（单位：吨或者米 $^3$）；$c_i$ 为第 $i$ 种能源的二氧化碳排放系数（单位：千克-二氧化碳/千克），具体数据见表 2.1。

表 2.1　各种能源碳排放参考系数

| 能源名称 | 平均低位发热量（千焦/千克，千焦/米 $^3$） | 折标准煤系数（千克标准煤/千克，千克标准煤/米 $^3$） | 单位热值含碳量（吨碳/万亿焦） | 碳氧化率 | 二氧化碳排放系数（千克-二氧化碳/千克，千克-二氧化碳/米 $^3$） |
|---|---|---|---|---|---|
| 原煤 | 20908 | 0.7143 | 26.37 | 0.94 | 1.9003 |
| 焦炭 | 28435 | 0.9714 | 29.5 | 0.93 | 2.8604 |
| 原油 | 41816 | 1.4286 | 20.1 | 0.98 | 3.0202 |
| 燃料油 | 41816 | 1.4286 | 21.1 | 0.98 | 3.1705 |
| 汽油 | 43070 | 1.4714 | 18.9 | 0.98 | 2.9251 |
| 煤油 | 43070 | 1.4714 | 19.5 | 0.98 | 3.0179 |
| 柴油 | 42652 | 1.4571 | 20.2 | 0.98 | 3.0959 |
| 液化石油气 | 50179 | 1.7143 | 17.2 | 0.98 | 3.1013 |
| 炼厂干气 | 46055 | 1.5714 | 18.2 | 0.98 | 3.0119 |
| 油田天然气 | 38931 | 1.3300 | 15.3 | 0.99 | 2.1622 |

注：除油田天然气的计量单位是立方米，其余能源的计量单位都是千克。

数据来源：中国合同能源管理网。

### 2.1.2　数据来源

本章研究数据来源于《中国统计年鉴》（1996~2012 年）和《中国能源统计年鉴》（1996~2012 年）。西藏、香港、澳门、台湾能源消费数据空缺较多，所以本书研究对象不包括它们。此外，海南、重庆也有部分年份数据残缺，为保证数据的客观公正，本书没有对缺失数据进行补充处理。同时为了消除价格波动的影响，本书将名义 GDP 数据折算为以 1995 年物价水平计价的实际 GDP。

## 2.2　省域碳排放现状多维视角分析

我国省域无论是区域面积、人口数量，还是经济规模差别都非常显著。区域面积上差异：面积最大的新疆为 166 万平方千米，最小的上海为 0.63 万平方千米，前者是后者的 263 倍以上，50%的省份面积低于 17 万平方千米，变异系数为 1.266；人口上差异：2011 年常住人口最高的广东为 1.05 亿人，最低的青海为 0.057 亿人，前者是后者的 18 倍以上，50%的省份常住人口高于 0.38 亿人，变异系数为 0.608；经济规模上差异：2011 年名义 GDP 最高的广东为 5.321 万亿元，最低的青海为 0.167

万亿元，前者是后者的 31 倍以上，变异系数为 0.754。因此，单纯从总量角度分析省域碳排放并无实质意义，本书将从单年度人均碳排放量、单位区域面积碳排放量、单位 GDP 碳排放量三个方面，横向和纵向两个维度对省域碳排放现状进行分析。

## 2.2.1　横向对比分析

2011 年，我国 30 个省份及全国人均二氧化碳排放如图 2.1 所示。

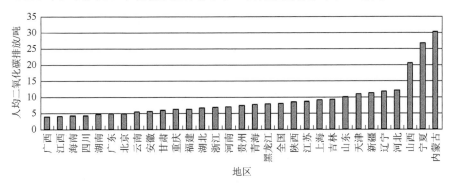

图 2.1　2011 年 30 个省份及全国人均二氧化碳排放

图 2.1 表明：①能源输出较大的内蒙古、宁夏、山西等地人均二氧化碳排放非常高，甚至比第四位的河北都高出很多，最高的内蒙古达 30.27 吨，最低的广西为 3.86 吨，前者是后者 7.8 倍以上，前者也是全国平均水平的 3.8 倍以上；②沿海发达地区人均碳排放高于内陆欠发达地区。

2011 年，我国 30 个省份及全国二氧化碳排放密度如图 2.2 所示。

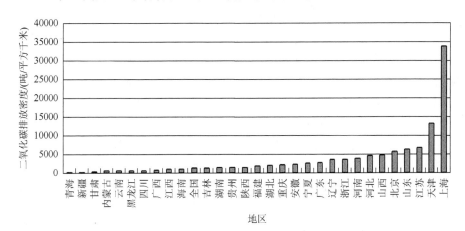

图 2.2　2011 年 30 个省份及全国平均二氧化碳排放密度

从排放密度角度来看：①上海、天津、江苏、山东、北京排在前五，尤其是居第

一、二位的上海与天津两市远远超过排在第三名的省份，分别是第三名江苏的 5.07 倍和 1.98 倍，其中上海还是全国平均水平的 26.66 倍，是人均二氧化碳排放最高内蒙古的 53 倍以上；②具有工业大省及冬季集中供暖双重属性的地区碳排放密度明显高于其他省份。二氧化碳排放密度过高对居民健康、生态环境的影响是不言而喻的，尤其是前十名省份在地域上是相邻的，表现为典型的空间聚群效应，这非常不利于污染物的扩散，一个事实的例证就是这些省份是 2013 年 1 月份我国中东部大雾霾的发生地。

更为严谨的空间集群效应研究可以借助 Moran 指数及其显著性检验来实现。Moran 指数是最早应用于全局聚类检验的方法（Cliff and Ord，1973），该指数取值 $-1\sim1$，数值小于 0 则空间相邻单元不具有相似性，大于 0 则表明有正相关。Moran 指数 $I$ 的计算公式：

$$I = \frac{\sum_{i=1}^{n}\sum_{j=1}^{n} w_{ij}(Y_i - \bar{Y})(Y_j - \bar{Y})}{S^2 \sum_{i=1}^{n}\sum_{j=1}^{n} w_{ij}} \tag{2.2}$$

式中，$S^2 = \frac{1}{n}\sum_{i=1}^{n}(Y_i - \bar{Y})^2$；$\bar{Y} = \frac{1}{n}\sum_{j=1}^{n} Y_i$；$n$ 是研究区内地区总数；$w_{ij}$ 为权重矩阵 $W$ 中的元素，区域相邻则为 1，否则为 0。$Y_i$ 和 $Y_j$ 是区域 $i$ 和区域 $j$ 的属性；$\bar{Y}$ 是属性的均值；$S^2$ 是属性的方差。计算结果如表 2.2 所示。

表 2.2　各省碳排放密度的 Moran 指数统计值（2001～2011 年）

| 年份 | 2001 | 2002 | 2003 | 2004 | 2005 | 2006 | 2007 | 2008 | 2009 | 2010 | 2011 |
|---|---|---|---|---|---|---|---|---|---|---|---|
| Moran 指数 | 0.08 | 0.12 | 0.09 | 0.10 | 0.12 | 0.13 | 0.14 | 0.13 | 0.14 | 0.14 | 0.14 |
| $p$ | 0.10 | 0.06 | 0.09 | 0.07 | 0.05 | 0.04 | 0.04 | 0.04 | 0.04 | 0.04 | 0.03 |

注：$p$ 值为显著性水平。

从 Moran 指数来看，自 2000 年以来，除该值个别年份略有下降，其他年份表现为上升态势，累计幅度较大，且对应的 $p$ 值表现为下降趋势，即便是最高值也未超过 0.1，甚至 2005 年后都低于 0.05。这表明相邻省域的二氧化碳排放密度存在普遍的正相关，且这种相关程度是逐步上升的。

针对排放密度这一情况，应该采取如下措施：①在大气污染防治时，不同省份间要建立区域协作机制，寻求相互合作，注重政策措施的空间联动性，实行区域联防联控，如建立京津冀、长三角等重点区域大气污染防治协作机制，协调解决区域突出环境问题；②对于上海、天津、北京以及其他特大型城市应大力发展便捷的公共交通，提供个性化服务定制的出租车业务，倡导电力驱动车辆、自行车以及步行等绿色出行方式，减轻交通对碳排放的压力；③作为碳交易的补充，通过改变能源结构、电力能源生产外迁等方式降低排放密度超高的地区碳排放压力。碳排放密度较低的省份一般经济发展水平比较薄弱或地域辽阔，无论是从经济发展的角度看还是从生态环境承载力角度看，都可以在一定程度上对碳排放密度高的省份进行产业承接、电力能源的生产供应。与单纯碳交易相比，该举措更有利于减轻局部排放过高、环境压力恶化、区域经济发展不均衡等难题。

2011 年我国 30 个省份及全国平均二氧化碳排放强度如图 2.3 所示。

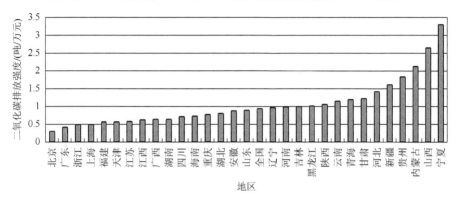

图 2.3    2011 年 30 个省份及全国平均二氧化碳排放强度

从碳排放强度来看，宁夏、山西、内蒙古、贵州、新疆居前五位，而北京、广东、浙江、上海、福建居末五位，整体上东部地区二氧化碳排放强度低于中西部地区。碳排放强度排名靠后的省份经济发展水平较高，第三产业比重也较大，是典型的能源输入省份。而碳排放强度高的省份具有两个明显特性：属于电力能源输出省份，水电资源非常缺乏。结合在一定程度上反映生态环境承载力压力的碳排放密度指标来看，应该采取如下措施：①改变对省份的能源效率一刀切碳减排控制目标，转而在全国层面实施产业产能总量控制下企业节能减排末位淘汰制。各省份资源要素禀赋差异使得能源角色定位不一样。在现有经济发展状况以及国家经济发展布局背景下，东部地区高附加值、低能耗、低排放的技术密集产业比重较高，经济发展整体水平较好，对能源需求较大而自身能源供应不足，主要为能源净输入区域，而西部地区高能耗企业比重较大，且化石能源资源丰富，是能源输出区域。②西部地区化石能源资源丰富，且人口密度明显低于东部地区，从生态环境承载力的角度看，也应该将高能耗、火电生产产业适度向西部地区转移，减轻东部地区日益严峻的碳排放压力。

## 2.2.2    纵向对比分析

纵向上本书也将分别从单年度人均碳排放量、单位区域面积碳排放量、单位 GDP 碳排放量三个方面分析，因数据量庞杂，本书用图形展示各省份相关指标发展态势，没有标出数据所属省份，详细数据分别见附表 1～附表 3。

1995～2001 年我国 30 个省份及全国人均二氧化碳排放如图 2.4 所示,具体数据见附表 1。

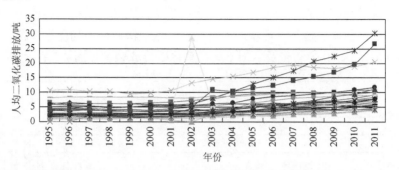

图 2.4  1995～2011 年 30 个省份及全国人均二氧化碳排放

由图 2.4 和附表 1 来看,人均碳排放绝对量上,1995～2011 年山西一直高于其他地方,2008 年、2009 年被内蒙古超过,2010 年、2011 年被内蒙古、宁夏超过,截至 2011 年,这三个化石能源特色鲜明的省份大幅高于其他省份,另外上海、辽宁、河北也是较高省份,且三省份在 2008 年以后较为接近。其他大部分省份在 2005 年后由 0～5 吨增加到 5～10 吨。

整个研究期间,无缺失数据的 30 个省份及全国中仅有北京下降,降幅达 23.7%。从增长速度来看,1995～2011 年增长速度最快的 5 个省份依次是内蒙古 612.6%、宁夏 504.1%、海南 440.9%、福建 374.9%、山东 290.2%;除北京,增长速度最慢的 5 个省份依次是上海 12.4%、天津 71.2%、山西 93.1%、黑龙江 100.8%、辽宁 105.3%,全国层面的增长速度为 187.1%,高于和低于全国水平的分别有 16 个、13 个省份(重庆 1995 年无数据,未包括在内)。总体来看,除内蒙古、宁夏等少数能源丰富地区,人均碳排放水平分布上东部沿海地区高于中西部欠发达地区、北部地区高于南部地区。

1995～2011 年我国 30 个省份及全国单位区域面积上碳排放如图 2.5 所示,具体数据见附表 2。

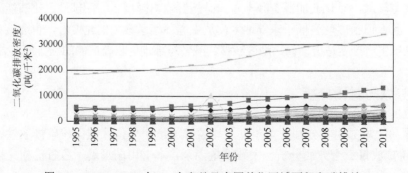

图 2.5  1995～2011 年 30 个省份及全国单位区域面积上碳排放

　　由图 2.5 和附表 2 来看，区域面积碳排放强度绝对量上，1995～2011 年上海、天津、北京三地持续维持一个较高水平，其中上海最高，天津次之，两地绝对量有非常大的差异，并且都在持续快速地增长，北京虽有上涨，但幅度不大，一直维持在 5000 吨/千米 $^2$ 左右，江苏、山东、河北等省份在 2001 年前尽管明显高于其他省份，但和其他省份一样，保持在一个相对稳定的水平，2001 年之后也处于快速增长期，以至于在 2011 年达到或者接近 5000 吨/千米 $^2$。

　　从发展速度来看，1995～2011 年发展速度最快的 5 个省份依次是内蒙古674.4%、宁夏 652.8%、海南 557.4%、福建 444.8%、山东 332.0%，发展速度最慢的 5 个省份依次是北京 23.2%、四川 58.1%、上海 86.4%、黑龙江 108.2%、辽宁119.9%，全国层面的发展速度为 312.4%，高于和低于全国水平的分别有 15 个、14 个省份（重庆 1995 年无数据，未包括在内）。

　　1995～2011 年我国 30 个省份及全国单位产出的二氧化碳排放强度如图 2.6 所示，具体数据见附表 3。

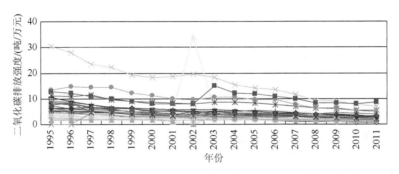

图 2.6　1995～2011 年 30 个省份及全国单位产出的碳排放强度

　　由图 2.6 和附表 3 来看，二氧化碳排放强度绝对量上，研究期间尽管存在阶段性的上升或下降，但整体上无缺失数据的 29 个省份及全国中仅有海南上升了0.5%，其他省份均下降。1995～2009 年山西一直高于其他地方，2010 年被宁夏超过，截至 2011 年碳排放超过 5 吨/万元的还有内蒙古、贵州。西部和东北地区排放强度高于全国平均水平，这些地区生产工艺和技术水平与其他地区相比较为落后、能效水平较低，经济发展尤其是工业发展仍以高投入、高能耗、高排放的模式为主，能源消费结构较不合理，煤炭比重较高，经济的发展对能源的依赖性很大，减排形势较为严峻。

　　排放强度低的省份主要集中于经济发展水平较高的地区，包括北京和广东、福建、江苏、上海等经济较发达的东部沿海省市。这些地区经济发展水平较高，生产工艺和技术水平较为先进，产业多以高附加值的技术密集型为主，服务业比重较大；但与工业化国家相比，这些地区排放强度还有不小的下降空间，需要继续深化产业结构调整，加大企业生产技术升级力度，利用其经济优势，抓住国家加大力度支持新能源发展的机遇，优化其能源消费结构，努力发展低碳经济。

从下降速度来看，1995～2011年下降最快的5个省份依次是北京87.8%、四川80.5%、天津78.4%、山西77.0%、上海74.2%，尽管山西的下降幅度较大，但其碳排放强度基数大，减排形式依然不容乐观；下降最慢的5个省份依次是福建30.7%、宁夏33.2%、云南46.7%、新疆47.4%、山东49.8%，全国层面的下降幅度为57.3%，高于和低于全国水平的分别有18个、11个省份（重庆1995年无数据，未包括在内）。

## 2.3 本章小结

本章从单年度人均碳排放量、单位区域面积碳排放量、单位GDP碳排放量三个视角、横向和纵向两个维度对省域碳排放现状进行分析。横向上，经济发达省份和人口较少的能源及重化工业富集省域人均碳排放量明显高于其他省份；经济发达省份和行政区划面积较小的能源及重化工业富集省域碳排放密度明显高于其他省份，并经Moran指数检验确认存在显著的空间聚群效应；能源及重化工业富集省域、中部地区、东部地区的碳排放强度依次呈现梯级下降分布特征。纵向上，除北京，人均碳排放水平持续快速增加，分布上内蒙古、宁夏等少数能源富集省份高于东部沿海省份、东部沿海省份高于中西部欠发达省份、北部省份高于南部省份；排放密度持续快速增加，且东部沿海省份高于中西部欠发达省份；排放强度，持续下降，西部和东北地区排放强度高于全国平均水平及东部沿海省份。

基于研究结论，本章提出建立大气污染防治区域协作机制，实行区域联防联控；大力发展公共交通，倡导绿色出行；从生态环境承载力角度引导产业、能源生产布局调整；在全国层面实施产业产能总量控制下企业节能减排末位淘汰制等政策建议。

# 第3章 省域经济社会发展与碳排放

Grossman 和 Kureger（1991）提出环境库兹涅茨曲线，他们研究发现，当一个国家或地区经济发展水平较低时，环境污染程度相对较轻，随着收入的增加，环境会恶化，当经济发展到一定的程度，环境恶化会达到最大程度，经济再继续发展，环境污染问题会得到逐步改善，即经济发展和环境污染之间呈现倒"U"形关系。自此，环境库兹涅茨曲线一直是环境经济学研究的热点问题，实证研究的结论有支持也有怀疑。尽管很多研究都这样理解，但本书坚持认为环境库兹涅茨曲线只是一种经验数据的描述而不应该作为预测，经济增长并不会自动解决环境问题。正是基于这样的考虑，本章将首先回顾环境库兹涅茨曲线分析方法的发展历程，然后用散点图展示省域碳排放与社会产出的关系，以判断环境库兹涅茨曲线在我国是否成立。

## 3.1 环境库兹涅茨曲线的形成机制

1955 年，美国经济学家、统计学家库兹涅茨在研究经济发展与人均收入差距的关系时发现：随着经济的增长，人均收入的差异先扩大后缩小。例如，直角坐标系中，将人均收入作为横轴，收入差异作为纵轴，则呈现出一种倒"U"形曲线。后来该曲线被人们称为库兹涅茨曲线。库兹涅茨曲线的逻辑含义在于，事情在变好之前可能不得不经历一个糟糕的过程。

1991 年，美国经济学家 Grossman 和 Krueger 在北美自由贸易协定对环境的潜在影响研究中开创性地将库兹涅茨曲线运用到环境领域，得出了经济发展与环境质量之间存在库兹涅茨曲线的结论。1993 年，Panayotou 通过进一步的研究也证实了库兹涅茨曲线的存在，认为这种倒"U"形曲线可以科学地反映人均收入与环境污染之间的关系，并将这种倒"U"形曲线命名为环境库兹涅茨曲线。

关于环境库兹涅茨曲线的形成机制，学术界给出了多种解释。

（1）经济结构方面。经济结构理论认为在经济发展之初，随着经济规模越来越大，需要投入的资源也越来越多，伴随着社会经济产出的增加，环境污染也会增加，从而导致环境恶化。当经济发展到更高水平时，产业结构升级，过去占主导地位的能源密集型的重工业逐步向服务业和技术密集型的产业转移，最终使得环境又开始出现改善。

（2）市场机制方面。市场机制理论是从企业的生产成本角度来考虑的。随着经济的发展，很多自然资源逐渐成为稀缺资源，从而导致价格上涨，企业为了降低成本，开始采用新技术以减少对资源的消耗、污染物的排放，环境质量逐步好转。

（3）技术效应方面。科技水平的快速上升产生了两方面的影响：一方面，科技水平的上升提高了生产效率，改善了资源的使用效率，降低了单位产出的要素投入，从而减小对环境的影响；另一方面，随着清洁技术的不断开发与应用，大量资源得到有效的循环利用，降低了单位产出的污染排放。这两方面的影响都促使环境质量的改善。

（4）国际贸易方面。国际贸易理论认为不同收入水平的国家对环境质量的需求不一样，高收入水平的国家对环境质量要求较高，通过国际贸易手段和国际直接投资方式将高污染的产品转移到经济落后的国家生产，这样低收入国家环境进一步恶化而发达国家环境将逐渐变好。

（5）国家政策方面。当经济发展到一定水平以后，政府将有足够的条件对环境进行保护，通过制定和实施有效的环境政策，提高对环境的监督管理水平，从而增强环境质量。甚至有些学者认为，倒"U"形关系的出现是政府强有力的环境政策结果，而并非经济发展的结果，其理由是发达国家更加倾向制定和实施环境保护政策，落后国家较少考虑政策对环境的影响。

倒"U"形关系给人一种错觉，认为在经济发展的初级阶段，可以牺牲环境来发展经济，当经济发展到一定阶段后，环境状况自然会得到好转，因此可以走先污染再治理的发展路径。根据第 1 章所述，事实上并不是所有的环境污染指标与经济增长之间都一定符合环境库兹涅茨曲线假说。环境库兹涅茨曲线只是经济发展与环境压力之间的一个经验现象，不是必然结果。它最重要的意义是为研究经济增长和环境污染的关系提供了一个框架、一个视角而已。

## 3.2　碳排放与经济发展的关系

基于第 1 章研究，本书发现国内外文献都是先假定环境库兹涅茨曲线的具体形式，然后运用时间序列数据拟合二次多项式或三次多项式，或建立面板模型，并据此求解模型参数或检验曲线拐点。如此处理过程意味着变量间关系假定具有很强的主观随意性。

根据环境库兹涅茨曲线的含义,本节给出 30 个省份以及全国范围的人均 GDP 与人均碳排放散点图（图 3.1～图 3.31），以判断是否可以基于环境库兹涅茨曲线模型分析碳排放的发展态势、碳排放是否已有改善的迹象。其中因数据缺失，重庆分析的时间范围是 1997～2011 年,其余 29 个研究对象分析的时间范围是 1995～2011 年,所有研究对象的人均 GDP 数值均已换算成以当地 1995 年物价水平计价的实际 GDP。

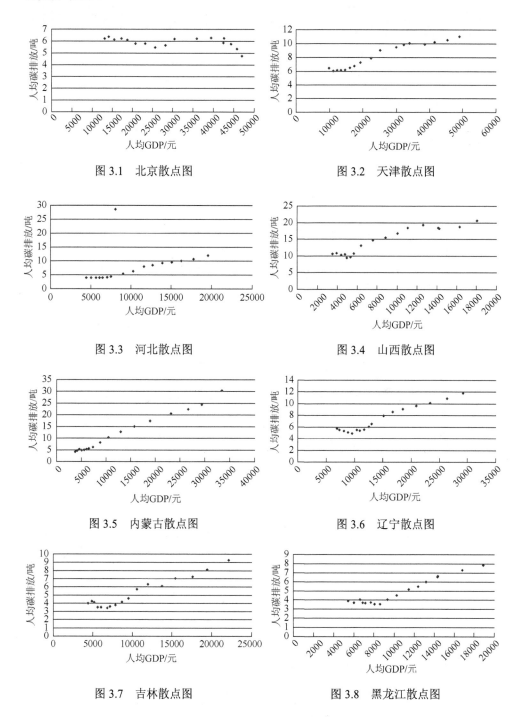

图 3.1　北京散点图　　　　　　　图 3.2　天津散点图

图 3.3　河北散点图　　　　　　　图 3.4　山西散点图

图 3.5　内蒙古散点图　　　　　　图 3.6　辽宁散点图

图 3.7　吉林散点图　　　　　　　图 3.8　黑龙江散点图

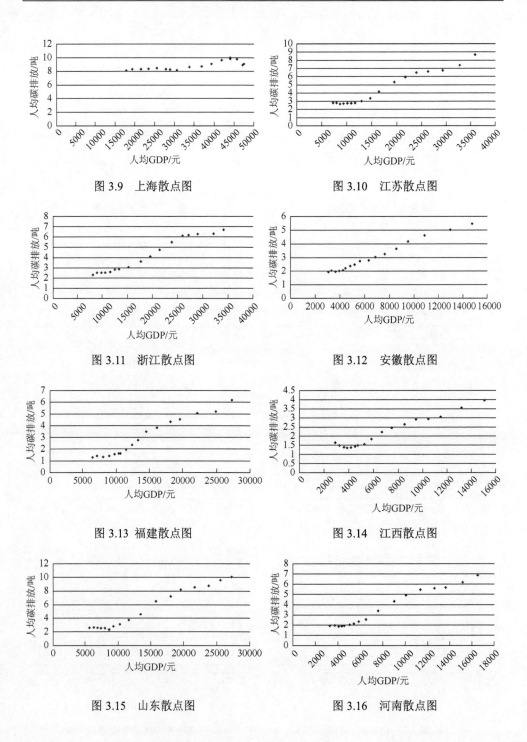

图 3.9　上海散点图

图 3.10　江苏散点图

图 3.11　浙江散点图

图 3.12　安徽散点图

图 3.13　福建散点图

图 3.14　江西散点图

图 3.15　山东散点图

图 3.16　河南散点图

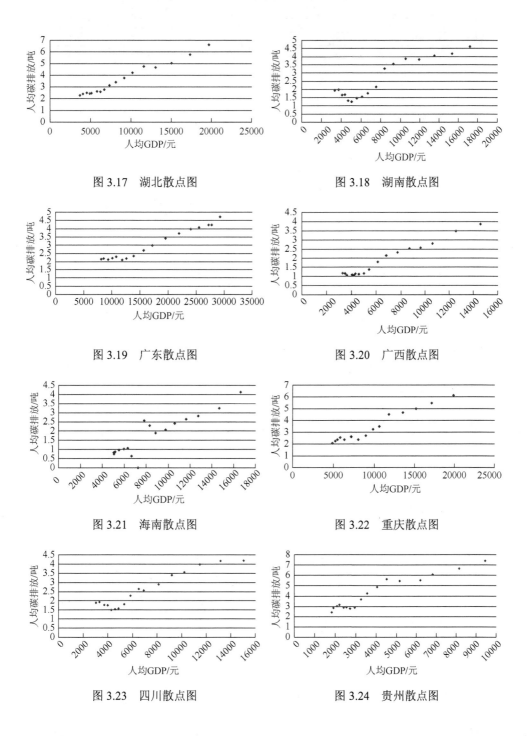

图 3.17　湖北散点图　　　　　　　　　图 3.18　湖南散点图

图 3.19　广东散点图　　　　　　　　　图 3.20　广西散点图

图 3.21　海南散点图　　　　　　　　　图 3.22　重庆散点图

图 3.23　四川散点图　　　　　　　　　图 3.24　贵州散点图

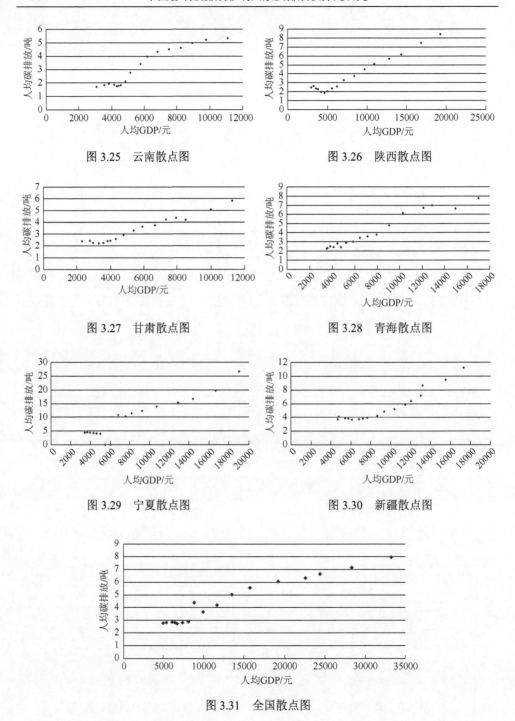

图 3.25　云南散点图

图 3.26　陕西散点图

图 3.27　甘肃散点图

图 3.28　青海散点图

图 3.29　宁夏散点图

图 3.30　新疆散点图

图 3.31　全国散点图

从散点图来看,只有北京、上海两市出现了明显的头部形态,且近似符合三次曲线特征，其他省份碳排放量还没有出现峰值形态。本书依次给出北京、上海两市的拟合曲线：

$$PC_{bj} = 12.922 - 0.0008PGDP_{bj} + 3E - 08PGDP_{bj}^2 - 3E - 13PGDP_{bj}^3 + \hat{\varepsilon}_{bj}, R^2 = 0.7454$$

$$PC_{sh} = 16.541 - 0.0009PGDP_{sh} + 3E - 08PGDP_{sh}^2 - 3E - 13PGDP_{sh}^3 + \hat{\varepsilon}_{sh}, R^2 = 0.779$$

北京有出现两次倒"U"形态势，第一次是人均 GDP 为 14135 元的 1996 年开始到 2002 年结束，第二次是 2003 年开始倒"U"形下降变化，不过最高点（2006年，人均碳排放和人均 GDP 分别为 6.27 吨、39469 元）并未超过 1996 年的高点 6.35 吨，且达到高点后又开始下降，第二次下降趋势较第一次明显、迅速，且创下最低水平 4.74 吨。

而上海在人均 GDP 约 44000 元之前并未有明显下降趋势，高于 44000 元的 2008 年开始出现明显下降，此时人均碳排放为 9.99 吨，不过下降幅度并不如北京大，且因为后续数据不足，下降趋势还难以得到有效确认。从散点图上来看，北京、上海共有的特点是在人均 GDP 45000 元前出现倒"U"形下降，尽管两直辖市在人均碳排放峰值上存在较大差别。这并不意味着其他省份没有出现碳排放头部形态是经济发展水平较低的原因，天津市的情况就是一个非常好的例证。

同为直辖市的天津，人均 GDP 已经达到 49000 元（2011 年人均 GDP 居 30个省份之首），人均碳排放也已经达到 11 吨，两个指标均超过北京、上海两市的拐点或疑似拐点水平。散点位置除 2008 年略有微幅下降——这可能与世界金融危机有莫大关系：天津是中国北方国际航运中心、中国北方国际物流中心、国际港口城市，典型的外向经济城市——其他年份观测的散点几乎落在一条上升的乘幂曲线上，拟合优度达 93.99%。

天津市的情况有非常重要的意义，该城市的数据说明：北京的下降趋势和上海出现的下降苗头只是个案，并不能给人以期待，毕竟北京和上海的经济、政治地位不是其他地方可以比拟的，且两市分别在 2008 年和 2010 年举办了有非常重大影响力的世界盛会——奥运会和世博会，这对推动环境质量改善的作用是不言而喻的。一个例证就是，2013 年以来我国东中部地区多次发生严重的大面积雾霾，京津冀地区雾霾状况更是严峻，即便如此，2014 年 11 月 APEC 期间北京还是呈现令人欣喜的"APEC 蓝"。

除北京、上海，其他省份以及全国均没有出现所谓的下降趋势。不仅如此，江浙地区人均收入超过 15000 元后，人均碳排放处于快速增加的阶段；天津、广东、福建、山东、重庆、宁夏、新疆和全国层面人均收入超过 10000 元后，人均碳排放处于快速增加的阶段；而作为煤炭资源大省、火电输出大省的山西，中部地区的安徽、江西、河南、湖北、湖南，西南地区的广西、四川、云南、贵州，西北地区的陕西、甘肃、青海等省份则在人均收入 5000 元左右时，人均碳排放就开始进入快速增加的阶段。甚至江苏、福建、宁夏、新疆等省份碳排放还有加速上升的特征，不过 2009~2011 年四川、云南两省碳排放有放缓的迹象。

此外，值得注意的是，环境库兹涅茨曲线已实现的均是发达国家，且拐点收入水平和二氧化碳排放峰值也都完全不同。由此可见，倒"U"形路径并不是必然的，正如林伯强和蒋竺均（2009）所言，其本质还是发达国家通过自觉或不自觉地调整经济结构及能源消费结构，用较快的速度实现了倒"U"形路径，整体环境质量随着经济增长的积累呈现出先恶化后改善的趋势。北京、上海两市国际化程度高、经济社会发展程度高。按联合国开发计划署算法编制的中国行政区人类发展指数，大陆地区有且仅有北京、上海两市属于极高人类发展指数水平，加上奥运会与世博会大型国际盛会的推动，两市率先进入倒"U"形路径的后半阶段，伴随着经济的健康持续快速发展，人均碳排放会进一步降低。

因此，对于北京、上海两市之外的其他研究对象使用传统的环境库兹涅茨曲线模型分析是值得推敲的，胡宗义等（2013）也认为以我国现在的发展状况来看，我国经济增长与环境质量之间并不存在所谓的环境库兹涅茨曲线关系。

# 3.3　碳排放对医疗保健支出的影响

截至目前，学者对医疗支出影响因素的研究主要集中在居民收入、医疗服务价格、人口年龄结构以及医疗保险等方面，如林相森和艾春荣（2008）、王学义和张冲（2013）等。对环境因素的考察则比较少见，例如，Jerrett 等（2003）应用加拿大横截面数据研究环境质量对医疗支出有显著的影响；P. K. Narayan 和 S. Narayan（2008）发现 OECD 国家一氧化碳和一氧化硫对医疗支出增长具有显著的促进作用；Neidell（2004）发现一氧化碳排放对儿童哮喘发病率有显著的影响；徐冬林和陈永伟（2010）发现环境污染加剧会导致人们健康状况恶化，从而促进医疗保健支出的增加。本节将从空间关系角度探讨医疗保健支出的集群效应以及环境质量对其的影响。

## 3.3.1　模型设定与数据来源

### 1. 空间效应的检验

基于空间相关性检验的结果来看（表 3.1），医疗保健支出 30 个省份的相关性都比较高，并且在 1.5%的显著水平上都可以判断相关性是存在的，且为正相关，即该指标表现出正向的空间集群效应。

**表 3.1　医疗保健支出空间相关性检验结果**

| 指标名称 | 统计值 | | | |
| --- | --- | --- | --- | --- |
| Moran 指数 | 0.273 | 0.250 | 0.315 | 0.305 |
| $P$ | 0.008 | 0.013 | 0.004 | 0.005 |

从名义医疗保健费用支出数值来看，北京、天津、吉林、上海以及内蒙古等近年来排名靠前，而贵州、广西、福建、海南等排名靠后。排名靠前省份是典型的化石能源消费大户，排名靠后省份二氧化碳排放量相对较低。例如，以 2011 年为例，贵州、广西、福建、海南四个省份碳排放总量或人均碳排放依次倒数第八、七、四、九名。这可能预示着环境质量对医疗保健支出有较为显著的影响。

### 2. 空间面板模型设定

本节引入的解释变量包括收入、人口年龄结构以及环境污染代理变量人均二氧化碳排放，模型为

$$Y_{nt} = \lambda W Y_{nt} + X_{nt}\beta_0 + \mu_n + \varepsilon_{nt} \qquad (3.1)$$

式中，$t$ 和 $n$ 指代变量所属时间和观测个体；$Y_{nt} = (y_{1t}, y_{2t}, \cdots, y_{nt})^\mathrm{T}$ 是被解释变量；$\varepsilon_{it}$ 是 i.i.d.$(0, \sigma_0^2)$。$X_{nt}$ 是时变回归元矩阵，并且 $\mu_n$ 是 $n \times 1$ 的个体效应向量。$\mu_n$ 若视作固定参数则为固定效应设定，若视作随机成分则为随机效应设定。空间面板计量模型详细的理论及估计方法说明将在第 5 章表述。

为了判断是固定效应还是随机效应，本书采用 Hausman 设定检验方法进行判断，该检验的原假设为模型是随机效应设定，检验统计量在原假设下服从自由度为解释变量个数的卡方分布。

### 3. 数据来源

基于数据的可得性以及避免分析周期过长行为经济人行为变化，本节选取的样本为 2007~2010 年 30 个省份的数据。以 lph 表示城镇人均医疗保健年支出的自然对数值，以 lpg 表示人均 GDP 的自然对数值，揭示经济发展使得居民对卫生服务的隐形需求显现化；以 lpc 表示人均碳排放量自然对数值；lnj 表示地区 65 岁以上人口占比自然对数值，剥离年龄改变引致的医疗需求。且本节以 1995 年 GDP 平减指数为基准，将名义价值指标换算成实际数据。本章城镇人均医疗保健支出、65 岁以上人口占比数据来源于《中国卫生统计年鉴》（2009~2012 年），人均 GDP、人口总数来源于《中国统计年鉴》（2008~2011 年），省域碳排放总量基于终端能源消费法计算所得，化石能源消费数据来源于《中国能源统计年鉴》（1996~2012 年）。

### 3.3.2 空间模型关系分析

本节计算得到 Hausman 检验统计量为−17.393，对应的显著性水平为 0.002，故在 1%的设定显著性水平上不能接受原假设，即模型应该设定为固定效应，并且空间自回归固定效应面板模型估计结果如表 3.2 所示。

表 3.2 空间面板计量模型估计结果

| 变量 | 估计值 | 渐近 $t$ 值 | 显著性水平 |
|---|---|---|---|
| lpc | 0.038 | 1.751 | 0.079 |
| lpg | 0.263 | 2.911 | 0.004 |
| lnj | 0.128 | 1.830 | 0.067 |
| W*dep.var. | 0.393 | 3.968 | 0.000 |

由估计结果来看，在 8%的显著性水平上，各解释变量对被解释变量均有显著的影响。具体而言，lpc 系数表明人均碳排放每增加 1%，人均医疗保健费用会增加 3.8 个百分点。事实上 2007～2010 年，只有北京、上海、山西三省份人均碳排放略下降，其他省份均上升，新疆、陕西、宁夏三省份累计涨幅甚至超过 40%。将观测区间扩大到 1995～2011 年来看，碳排放更是表现出较为明显的加速上升态势，这表明环境恶化将促使医疗开支持续上升。

lpg 的系数表明医疗保健支出的收入弹性约为 26.3%。考虑到目前我国居民收入占 GDP 比重少于 50%，该比例将放大 2 倍以上，这意味着截止到目前居民对医疗保健支出还处于不饱和状况，全社会对医疗保健服务还存在较高程度的隐性状态，经济的持续发展，人们可支配收入的不断增加，会逐步提高对医疗保健服务的购买能力。

lnj 的系数表明 65 岁及以上人口占比每提升 1%，医疗保健费用会上升 12.8 个百分点。更为重要的是，空间滞后的被解释变量估计系数在 1%的显著性水平上也是显著的且为正，这意味着 30 个省份人均医疗保健支出有正的外溢效应，某地人均医疗保健费用支出上升会拉升周边相邻省份该指标的增加，二次相邻关系上溢出效应则为 0.154，即便是 4 次相邻溢出影响也有 0.024，而 30 个省份除少数省份是 5 次或 6 次相邻关系，绝大多数不超过 4 次相邻关系，因此空间溢出效应的影响不容忽视。

## 3.4 本 章 小 结

本章首先阐述了传统的环境库兹涅茨曲线理论的发展，然后基于传统环境库兹涅茨曲线的定义,以散点图形式揭示了 30 个省份及全国层面人均碳排放与人均社会总产出之间关系,发现仅北京和上海两地碳排放出现头部特征,符合环境库兹涅茨曲线模型特征,其他省份暂不适用于环境库兹涅茨曲线模型。北京、上海两市的经验表明,寄希望于随经济增长而自动解决环境恶化问题是不切实际的,应该主动采取积极的政策和措施来减少碳排放。

　　进一步,本章还分析了碳排放和医疗保健支出之间的关系。通过空间相关性检验确认各省份城镇医疗保健支出之间存在聚群效应,并基于构建的空间面板计量模型发现 2007~2010 年医疗保健支出溢出效应显著,人均收入在三个因素间影响最大,年龄结构和人均碳排放均有显著影响。基于此,本书认为:①进一步提高居民收入水平,扩大职工、居民医保、新农合医保的参保范围,扩大医疗费用报销比例,完善收入分配和再分配制度,着力满足人民群众对医疗保健服务的消费能力;②更加重视老龄化人口的医疗保障服务,发展老年医疗保健市场或老年产业,满足老年人医疗保健的多元化需求;③必须更加重视环境保护工作。当前是环保问题高发期,如地下水污染、粮食重金属污染、大面积雾霾天气频发等,各级政府应进一步增强环保意识,科学施策,把调整优化结构、强化创新驱动和保护环境生态结合起来,培育新的经济增长点。

# 第4章 省域人均碳排放分解研究

因素分解法作为研究能源和碳排放问题的重要研究方法，从分解技术来看，主要分为指数分解法、投入产出结构分解法和非参数距离函数分解法三种类型，分解形式分为加法式和乘法式两种。指数分解法因为在数据要求及操作上更具操作性，所以在能源及碳排放等指标的因素分解研究中得到广泛应用。本章首先对指数分解法的一般形式进行介绍，然后基于 LMDI 加法分解模型对部分省份的人均碳排放进行分解。

## 4.1 LMDI 加法分解方法

### 4.1.1 LMDI 分解方法的发展

陈诗一和吴若沉（2011）指出 Ang 和 Zhang（2000）曾对 1999 年前 124 篇利用研究分解技术的文献进行了综述，其中 109 篇运用了指数分解法，只有 15 篇运用了结构分解，认为指数分解法占主体地位，并且 Ang 等（2003）又对其后的研究做了补充综述。

指数分解法源自传统的 Laspeyres 指数和 Paasche 指数，流行于 20 世纪七八十年代，代表性研究可见相关文献（Doblin，1988；Ang，1993）。Boyd 等（1987）又提出了另一类算术平均的迪氏指数分解方法，Liu 等（2007）进一步提出了适应性加权迪氏指数分解方法。

尽管如此，1995 年前提出的分解方法存在两个缺陷，即存在分解残差项和零数值影响计算的问题。Sun（1998）、Zhang 和 Ang（2001）提出了一个修正的 Laspeyres 指数分解法，即根据联合产生均等分配的原则将残差均摊给各主要因素，最终导致完全分解。

Ang 和 Choi（1997）、Ang 等（1998）提出了基于乘法和加法形式的对数平均迪氏指数分解修正方法，即 LMDI 分解法，该法既完全分解不存在残差，且零数值也得到处理，又符合 Fisher 提出的理想指数要求。陈诗一和吴若沉（2011）指出修正 Laspeyres 指数分解法一般用于加法分解，而且因素较多时非常复杂，LMDI 分解方法则能够进行加法和乘法分解并可以互相转换，因此 LMDI 分解方法优于修正的 Laspeyres 指数分解法。

Ang（2004）总结了 25 年中用于能源研究领域的指数分解分析方法，指出 LMDI 分解方法具有理论基础，还有适应性、便于使用和结果容易解释的优点，最后建议采用 LMDI 分解方法作为研究方法进行相关问题研究；Ang（2005）在提出了 LMDI 分解方法的基础上，还给出了一个实际的算例以帮助大家更好地理解和使用该方法；Ang 和 Liu（2007a；2007b）研究并解决了在 LMDI 分解方法使用过程中如何处理负值和零值的问题。

## 4.1.2　LMDI 加法分解模型

Kaya 恒等式是日本学者 Kaya 于 1989 年在 IPCC 研讨会上最先提出的碳排放驱动因素分解方法，该方法将人类社会活动产生的碳排放与经济、政策和人口等因素建立起联系：

$$CO_2 = POP \times (GDP/POP) \times (E/GDP) \times (CO_2/E) \tag{4.1}$$

式中，$CO_2$、POP、GDP、$E$ 分别代表二氧化碳排放量、人口总数、社会总产出和一次能源消费量。

本书将该等式进行变形处理来分解人均碳排放：

$$CO_2/POP = (GDP/POP) \times (E/GDP) \times (CO_2/E) \tag{4.2}$$

式中，$CO_2/POP$、$GDP/POP$、$E/GDP$、$CO_2/E$ 依次表示人均二氧化碳排放量、人均社会总产出、能源效率强度和能源消费碳排放强度。为了表述方便，定义：$PC = CO_2/POP$、$PG = GDP/POP$、$GE = E/GDP$、$ES = CO_2/E$，因此对某省 $i$ 有

$$PC_i = PG_i \cdot GE_i \cdot ES_i \tag{4.3}$$

在 0 时刻和 $t$ 时刻则可以分别写为

$$PC_i^0 = PG_i^0 \cdot GE_i^0 \cdot ES_i^0 \tag{4.4}$$

$$PC_i^t = PG_i^t \cdot GE_i^t \cdot ES_i^t \tag{4.5}$$

所以有

$$\Delta PC_i = PC_i^t - PC_i^0 = \Delta PG_i + \Delta GE_i + \Delta ES_i + \Delta PC_i^{resid} \tag{4.6}$$

对式（4.3）左右两边对时间 $t$ 求导，有

$$\frac{dPC_i}{dt} = \frac{dPG_i}{dt}GE_i \cdot ES_i + PG_i\frac{dGE_i}{dt}ES_i + PG_i \cdot GE_i\frac{dES_i}{dt} \tag{4.7}$$

继续对式（4.7）变形有

$$\frac{dPC_i}{dt} = \frac{dPG_i}{PG_idt}PG_i \cdot GE_i \cdot ES_i + \frac{dGE_i}{GE_idt}PG_i \cdot GE_i \cdot ES_i + \frac{dES_i}{ES_idt}PG_i \cdot GE_i \cdot ES_i$$

$$= PC_i\frac{dlnPG_i}{dt} + PC_i\frac{dlnGE_i}{dt} + PC_i\frac{dlnES_i}{dt} \tag{4.8}$$

对式（4.8）两边分别积分有

$$\int_0^t \frac{dPC_i}{dt} = \int_0^t PC_i \frac{d\ln PG_i}{dt} + \int_0^t PC_i \frac{d\ln GE_i}{dt} + \int_0^t PC_i \frac{d\ln ES_i}{dt} \quad (4.9)$$

根据积分中值定理，存在权重 $W_i$，使得

$$\Delta PC_i = PC_i^t - PC_i^0 = W_i \ln \frac{PG_i^t}{PG_i^0} + W_i \ln \frac{GE_i^t}{GE_i^0} + W_i \ln \frac{ES_i^t}{ES_i^0} \quad (4.10)$$

引入对数平均函数：

$$L(x,y) = \begin{cases} (x-y)/(\ln x - \ln y), & x \neq y \\ x, & x = y = 0 \end{cases} \quad (4.11)$$

并定义：

$$W_i = L(PC_i^0, PC_i^t) = \frac{PC_i^t - PC_i^0}{\ln PC_i^t - \ln PC_i^0} \quad (4.12)$$

$$\Delta PG_i = L(PC_i^t, PC_i^0)\ln(PG_i^t/PG_i^0) \quad (4.13)$$

$$\Delta GE_i = L(PC_i^t, PC_i^0)\ln(GE_i^t/GE_i^0) \quad (4.14)$$

$$\Delta ES_i = L(PC_i^t, PC_i^0)\ln(ES_i^t/ES_i^0) \quad (4.15)$$

因此对式（4.6）移项，并将式（4.12）～式（4.15）代入，则有

$$\begin{aligned}
\Delta PC_i^{\text{resid}} &= \Delta PC_i - (\Delta PG_i + \Delta GE_i + \Delta ES_i) \\
&= PC_i^t - PC_i^0 - \left( W_i \ln \frac{PG_i^t}{PG_i^0} + W_i \ln \frac{GE_i^t}{GE_i^0} + W_i \ln \frac{ES_i^t}{ES_i^0} \right) \\
&= PC_i^t - PC_i^0 - W_i \ln \frac{PC_i^t}{PC_i^0} = 0
\end{aligned} \quad (4.16)$$

即式（4.16）是 Ang（2004）提出的能对所有因素进行无残差分解的 LMDI 的加法形式，IMDI 的乘法形式在第 6 章分析省域工业碳排放时再引入。

## 4.2　省域人均碳排放分解

### 4.2.1　京津冀及全国碳排放分解

基于 LMDI 的京津冀及全国碳排放驱动因素分解如表 4.1 所示。

表 4.1　基于 LMDI 的京津冀及全国碳排放驱动因素分解（1996～2011 年）

| 年份 | 北京 | | | 天津 | | | 河北 | | | 全国 | | |
|---|---|---|---|---|---|---|---|---|---|---|---|---|
| | $\Delta PG$ | $\Delta GE$ | $\Delta ES$ | $\Delta PG$ | $\Delta GE$ | $\Delta ES$ | $\Delta PG$ | $\Delta GE$ | $\Delta ES$ | $\Delta PG$ | $\Delta GE$ | $\Delta ES$ |
| 1996 | 0.4852 | -0.4776 | -0.0258 | 0.7527 | -1.1095 | -0.0236 | 0.4847 | -0.4566 | -0.0038 | 0.244 | -0.182 | -0.001 |
| 1997 | 0.5706 | -1.2494 | -0.0062 | 0.5963 | -0.6004 | 0.0001 | 0.4539 | -0.4823 | 0.0055 | 0.342 | -0.322 | -0.003 |
| 1998 | 0.6672 | -0.6863 | -0.0120 | 0.5473 | -0.4663 | -0.0052 | 0.3032 | -0.3225 | 0.0003 | 0.163 | -0.190 | -0.004 |

续表

| 年份 | 北京 | | | 天津 | | | 河北 | | | 全国 | | |
|------|------|------|------|------|------|------|------|------|------|------|------|------|
| | ΔPG | ΔGE | ΔES | ΔPG | ΔGE | ΔES | ΔPG | ΔGE | ΔES | ΔPG | ΔGE | ΔES |
| 1999 | 0.5187 | −0.7689 | −0.0565 | 0.5610 | −0.4710 | −0.0173 | 0.2599 | −0.1276 | 0.0016 | 0.148 | −0.202 | −0.006 |
| 2000 | 0.6149 | −0.7656 | −0.0337 | 0.6252 | −0.1646 | −0.0562 | 0.3403 | −0.2908 | 0.0007 | 0.242 | −0.180 | −0.006 |
| 2001 | 0.6230 | −0.7258 | −0.0899 | 0.5133 | −0.4921 | −0.0119 | 0.2681 | −0.1869 | 0.0076 | 0.273 | −0.168 | −0.001 |
| 2002 | 0.5782 | −0.9543 | −0.0778 | 0.7344 | −0.3235 | 0.0664 | 0.9836 | 28.5472 | −5.4202 | 0.315 | 1.740 | −0.553 |
| 2003 | 0.5234 | −0.5404 | 0.0276 | 1.1519 | −0.6875 | −0.0154 | 1.5228 | −30.9449 | 5.9984 | 0.461 | −1.825 | 0.625 |
| 2004 | 0.4607 | −0.3797 | −0.0572 | 0.9530 | −0.4053 | 0.0548 | 0.7689 | −0.2868 | 0.0107 | 0.618 | −0.064 | 0.001 |
| 2005 | 1.0264 | −0.6071 | −0.0632 | 1.6042 | −1.5077 | 0.0073 | 0.8671 | 0.4306 | 0.0028 | 0.688 | 0.115 | 0.000 |
| 2006 | 0.5746 | −0.6207 | −0.1144 | 0.6887 | −0.6758 | 0.0428 | 0.7551 | −0.5094 | 0.0334 | 0.808 | −0.278 | −0.003 |
| 2007 | 0.4789 | −0.9369 | −0.0748 | 0.5564 | −1.0192 | 0.0074 | 0.8065 | −0.6564 | −0.0439 | 1.163 | −0.637 | −0.003 |
| 2008 | −0.0254 | −0.7250 | −0.1769 | 1.2618 | −2.0511 | −0.0340 | 0.7646 | −1.2559 | 0.0259 | 0.991 | −0.741 | −0.008 |
| 2009 | 0.2525 | −0.3248 | −0.0776 | 0.7115 | −0.4087 | 0.0107 | 0.7174 | −0.0511 | −0.0093 | 0.490 | −0.179 | −0.008 |
| 2010 | 0.1892 | −0.6180 | −0.0363 | 0.9307 | −1.0970 | −0.1126 | 0.9299 | −0.9543 | 0.0019 | 1.038 | −0.506 | −0.012 |
| 2011 | 0.1294 | −1.0530 | −0.1098 | 0.8617 | −1.2593 | −0.0081 | 1.0745 | −0.6804 | −0.0052 | 1.200 | −0.399 | −0.002 |

由表 4.1 的分解结果可知,北京人均社会总产出对人均碳排放的驱动自 2001 年开始呈现明显的下降趋势。2001 年申办奥运会成功后北京市大力整治污染问题,例如,对冶金等高能耗企业实施搬迁,2008 年对一些生产企业实施限产、停产措施,社会总产出中第三产业等能耗相对较低产业比重增加,使得人均社会总产出驱动影响下降,甚至在 2008 年当年为负向影响。北京周边的天津和河北两省份人均社会总产出驱动的特点相似,表现出的是一个"一头双肩"的特征,河北头部顶峰在 2003 年,而天津则在 2005 年,右肩高于左肩,即近年高于峰值之前水平。全国自 2000 年开始出现上升,尽管有一些波动,但升势明显。

能源效率强度指标驱动上北京、天津、河北及全国在研究期内几乎全部为负向影响,除 2002 年、2005 年,绝对值高于能源消费碳排放强度因素,表明能源效率的提高对碳排放的抑制作用超过能源消费碳排放强度因素。河北和全国同时在 2002 年和 2003 年出现正向峰值和负向峰值,都明显高于其他年份,尤其是河北峰值甚至为 28.5472 和−30.9449。北京该驱动波动幅度小于天津、河北及全国,即表明相较于三个研究对象,北京该驱动的抑制作用较稳定。北京该驱动数值上整体小于河北及全国,表明相较于河北及全国,北京该驱动的抑制作用较强。

能源消费碳排放强度驱动上,一个明显特征是河北和全国同时在 2002 年和 2003 年出现负向峰值和正向峰值,也都明显高于其他年份,尤其是河北峰值甚至为−5.4202 和 5.9984。该驱动上河北、天津大约有一半时间表现出的是抑制作用,全国层面尽管主要表现出抑制作用,但抑制作用较小,而北京则有明显的优势。

北京除 2003 年为正，其他年份均是负向抑制作用，且除 2000 年、2002 年、2010 年，抑制作用超过另外三个研究对象，表明北京能源结构优化速度快。折算为标准煤，焦炭的碳排放系数最高（2.9446）、煤炭次之（2.6604），而天然气最低（1.6257）、汽油次之（1.9880）。如前面所述，北京 2008 年之前因为生态环境问题严峻而实施的高能耗企业搬迁、供暖能源改造、汽车保有量的快速增长，使得焦炭、煤炭消费占比明显下降，天然气、汽油消费占比明显上升。北京焦炭消费占比由 1995 年 16.28%下降到 2011 年 0.74%，而全国层面则上升，依次是 7.27%、9.28%；同期北京煤炭消费占比依次是 64.36%、38.85%，全国为 79.05%、74.17%；同期汽油占比北京分别为 3.71%、13.18%，全国是 3.15%、3.80%；同期天然气占比北京分别为 0.52%、22.49%，全国是 1.80%、4.25%。

### 4.2.2　东北三省碳排放分解

基于 LMDI 的东北三省碳排放驱动因素分解如表 4.2 所示。

表 4.2　基于 LMDI 的东北三省碳排放驱动因素分解（1996～2011 年）

| 年份 | 黑龙江 | | | 吉林 | | | 辽宁 | | |
|------|--------|--------|--------|--------|--------|--------|--------|--------|--------|
| | $\Delta PG$ | $\Delta GE$ | $\Delta ES$ | $\Delta PG$ | $\Delta GE$ | $\Delta ES$ | $\Delta PG$ | $\Delta GE$ | $\Delta ES$ |
| 1996 | 0.3980 | −0.6100 | 0.0126 | 0.4122 | −0.1826 | −0.0075 | 0.3059 | −0.5099 | 0.0095 |
| 1997 | 0.3738 | −0.1544 | 0.0123 | 0.2569 | −0.4540 | 0.0023 | 0.5787 | −0.8312 | −0.0051 |
| 1998 | 0.1639 | −0.4550 | −0.0222 | 0.2922 | −0.8002 | −0.0241 | 0.4462 | −0.6565 | 0.0148 |
| 1999 | 0.1468 | −0.0801 | −0.0305 | 0.2732 | −0.2255 | 0.0079 | 0.4115 | −0.5246 | 0.0056 |
| 2000 | 0.2589 | −0.2461 | −0.0110 | 0.4222 | −0.5795 | 0.0062 | 0.4331 | 0.0370 | −0.0188 |
| 2001 | 0.1828 | −0.4311 | −0.0011 | 0.1789 | −0.1157 | 0.0024 | 0.2852 | −0.4807 | −0.0317 |
| 2002 | 0.2255 | −0.2769 | 0.0057 | 0.3422 | −0.2191 | 0.0041 | 0.4016 | −0.2923 | 0.0234 |
| 2003 | 0.3162 | 0.1016 | 0.0181 | 0.3862 | −0.0714 | 0.0070 | 0.3955 | −0.0733 | 0.0264 |
| 2004 | 0.3867 | −0.2465 | 0.0175 | 0.3978 | −0.2674 | −0.0059 | 0.2347 | −0.1688 | −0.0110 |
| 2005 | 0.5310 | −0.0882 | 0.0239 | 0.5507 | 0.3975 | −0.0433 | 1.0669 | −0.0271 | 0.0184 |
| 2006 | 0.4311 | −0.3248 | 0.0091 | 0.7570 | −0.3721 | −0.0011 | 0.8368 | −0.4325 | 0.0104 |
| 2007 | 0.3439 | −0.2637 | −0.0068 | 0.8423 | −1.5301 | 0.0147 | 0.8783 | −1.0780 | 0.0041 |
| 2008 | 0.5147 | −0.4692 | 0.0547 | 0.7758 | −0.3320 | 0.0023 | 1.1430 | −1.3124 | −0.0212 |
| 2009 | 0.0173 | −0.1105 | −0.0117 | 0.9242 | −0.6269 | −0.0098 | 1.0914 | −0.5447 | 0.0259 |
| 2010 | 1.1031 | −0.6379 | −0.0085 | 0.7591 | −0.4695 | −0.0202 | 1.2546 | −1.1168 | −0.0333 |
| 2011 | 0.8898 | −0.8852 | −0.0049 | 1.1374 | −0.5742 | 0.0332 | 1.2027 | −1.0768 | −0.0805 |

　　由表 4.2 可观察，东北三省人均社会总产出驱动在所有年份都表现出正向拉
升作用，表明人均社会总产出促使人均碳排放增加。此外，在 2004 年及以前，三
省该驱动都表现出平稳且数值上相互接近的特征，2004 年以后吉林与辽宁两省该
驱动的作用都较之前明显放大，数值上仍较接近，而黑龙江则上下波动比较大。

　　能源效率强度驱动上表现出的特征则是：其一，三省驱动数值一直相互比较
接近；其二，除极个别年份，三省该驱动均有利于降低碳排放；其三，1996～2004
年驱动数值波幅都明显收窄且重心逐步上移，而 2006 年则波幅都突然放大随后小
幅收窄。

　　而能源消费碳排放强度驱动上，三省整体上表现出更多的是拉升碳排放，表
明三省高排放能源使用占比在一定程度有所增加，能源结构有一定程度的恶化。
此外，除极个别年份，三省驱动数值均在（–0.02，0.02）交织波动，表现出一致
性，这一特征和三省均属重工业老基地、高寒地区的属性相互吻合。

　　黑龙江、吉林以及辽宁三个驱动的综合效应也有两个特征：一是综合效应数
值变化趋近一致；二是都可以划分 1996～2004 年和 2005～2011 年两个阶段，前
一阶段波幅收窄且重心上移，后一阶段波幅大于前一阶段且相对比较稳定。

### 4.2.3　云贵川渝碳排放分解

　　基于 LMDI 的云贵川渝碳排放驱动因素分解如表 4.3 所示。

**表 4.3　基于 LMDI 的云贵川渝碳排放驱动因素分解（1996～2011 年）**

| 年份 | 云南 | | | 贵州 | | | 四川 | | | 重庆 | | |
|------|-----|-----|-----|-----|-----|-----|-----|-----|-----|-----|-----|-----|
| | $\Delta PG$ | $\Delta GE$ | $\Delta ES$ | $\Delta PG$ | $\Delta GE$ | $\Delta ES$ | $\Delta PG$ | $\Delta GE$ | $\Delta ES$ | $\Delta PG$ | $\Delta GE$ | $\Delta ES$ |
| 1996 | 0.250 | −0.115 | −0.003 | 0.137 | 0.276 | 0.008 | 0.175 | −0.121 | −0.002 | — | | — |
| 1997 | 0.135 | −0.059 | 0.001 | 0.231 | −0.088 | 0.003 | 0.208 | −0.944 | −0.006 | — | | — |
| 1998 | 0.161 | −0.220 | 0.001 | 0.180 | −0.020 | −0.004 | 0.127 | −0.112 | −0.016 | 0.149 | 0.031 | 0.010 |
| 1999 | 0.068 | −0.156 | −0.005 | 0.261 | −0.487 | −0.005 | 0.111 | −0.294 | −0.026 | 0.121 | 0.075 | −0.023 |
| 2000 | 0.045 | −0.057 | −0.005 | 0.176 | −0.204 | 0.000 | 0.103 | −0.112 | 0.000 | 0.142 | −0.179 | −0.014 |
| 2001 | 0.054 | −0.010 | −0.012 | 0.181 | −0.360 | −0.007 | 0.095 | −0.131 | −0.011 | 0.207 | −0.438 | 0.019 |
| 2002 | 0.121 | 0.120 | 0.012 | 0.217 | −0.129 | 0.002 | 0.145 | 0.069 | 0.006 | 0.305 | −0.089 | 0.008 |
| 2003 | 0.155 | 0.434 | 0.013 | 0.335 | 0.357 | 0.004 | 0.188 | 0.211 | 0.023 | 0.285 | −0.574 | −0.024 |
| 2004 | 0.341 | 0.089 | 0.016 | 0.345 | −0.035 | 0.007 | 0.267 | −0.124 | 0.010 | 0.275 | −0.104 | −0.015 |
| 2005 | 0.255 | 0.150 | 0.003 | 0.602 | −0.405 | −0.001 | 0.159 | −0.384 | −0.018 | 0.283 | 0.123 | 0.028 |
| 2006 | 0.401 | −0.186 | −0.004 | 0.578 | −0.020 | 0.009 | 0.434 | −0.130 | −0.014 | 0.267 | −0.113 | −0.016 |
| 2007 | 0.436 | −0.593 | −0.006 | 0.722 | −1.320 | −0.015 | 0.397 | −0.133 | 0.017 | 0.409 | 0.266 | 0.033 |
| 2008 | 0.431 | −0.662 | −0.011 | 1.016 | −1.019 | −0.010 | 0.361 | −0.460 | 0.002 | 0.614 | −0.753 | −0.020 |

| 年份 | 云南 | | | 贵州 | | | 四川 | | | 重庆 | | |
| --- | --- | --- | --- | --- | --- | --- | --- | --- | --- | --- | --- | --- |
| | ΔPG | ΔGE | ΔES | ΔPG | ΔGE | ΔES | ΔPG | ΔGE | ΔES | ΔPG | ΔGE | ΔES |
| 2009 | 0.384 | 0.011 | −0.004 | 0.554 | −0.017 | 0.001 | 0.446 | 0.026 | −0.016 | 0.570 | −0.241 | 0.015 |
| 2010 | 0.442 | −0.499 | −0.027 | 1.125 | −0.974 | −0.010 | 0.553 | −0.605 | −0.072 | 0.633 | −0.469 | −0.025 |
| 2011 | 0.668 | −0.916 | −0.011 | 1.050 | −0.798 | −0.001 | 0.566 | −0.824 | 0.016 | 0.860 | −0.600 | 0.001 |

注：重庆直辖市 1997 年成立，缺 1995 年和 1996 年数据，故分解结果缺失 1996 年和 1997 年信息。

由表 4.3 可以看出，人均社会总产出驱动上，云南、贵州、四川及重庆四省份均表现完全的拉动作用，促使人均碳排放增加。大多年份是贵州强于重庆，重庆强于四川和云南，四川和云南之间相互交错没有表现出明显差异。

能源效率强度驱动上四省份之间没有表现出明显差别。能源消费碳排放强度驱动上，在 2002 年以前和 2008 年以后更多表现出的是抑制作用，2002～2005 年主要表现为拉动作用。而三个驱动因素综合作用上，四省份则大多年份表现的是拉升作用。

### 4.2.4　陕甘青碳排放分解

基于 LMDI 的陕甘青碳排放驱动因素分解如表 4.4 所示。

表 4.4　基于 LMDI 的陕甘青碳排放驱动因素分解（1996～2011 年）

| 年份 | 陕西 | | | 甘肃 | | | 青海 | | |
| --- | --- | --- | --- | --- | --- | --- | --- | --- | --- |
| | ΔPG | ΔGE | ΔES | ΔPG | ΔGE | ΔES | ΔPG | ΔGE | ΔES |
| 1996 | 0.2235 | −0.0764 | −0.0039 | 0.4328 | −0.4150 | 0.0008 | 0.0367 | 0.0127 | −0.0154 |
| 1997 | 0.2272 | −0.5157 | −0.0085 | 0.1583 | −0.3750 | −0.0055 | 0.1610 | 0.0287 | −0.0127 |
| 1998 | 0.1588 | −0.2033 | −0.0144 | 0.2481 | −0.2479 | −0.0079 | 0.1992 | −0.2450 | −0.0094 |
| 1999 | 0.1998 | −0.4537 | −0.0181 | 0.1739 | −0.1476 | 0.0115 | 0.2074 | 0.2021 | −0.0029 |
| 2000 | 0.1865 | −0.3371 | −0.0253 | 0.1591 | −0.0880 | −0.0117 | 0.1650 | −0.5850 | −0.0346 |
| 2001 | 0.1603 | 0.0172 | −0.0060 | 0.0964 | −0.0946 | −0.0037 | 0.2560 | 0.1866 | −0.0117 |
| 2002 | 0.2277 | 0.0509 | −0.0106 | 0.1946 | −0.1071 | 0.0115 | 0.3227 | −0.1263 | −0.1143 |
| 2003 | 0.2685 | −0.0712 | 0.0021 | 0.2862 | 0.0256 | −0.0149 | 0.3221 | 0.0549 | −0.0411 |
| 2004 | 0.3920 | 0.1291 | −0.0261 | 0.3832 | −0.2142 | 0.0229 | 0.3550 | −0.4058 | −0.0349 |
| 2005 | 0.6050 | −0.3602 | 0.0714 | 0.3167 | −0.1549 | 0.0039 | 0.3905 | −0.2683 | −0.0618 |
| 2006 | 0.6026 | 0.0561 | −0.0104 | 0.4458 | −0.3748 | −0.0033 | 0.5593 | 0.1518 | 0.1308 |
| 2007 | 0.5599 | −0.3052 | −0.0337 | 0.3715 | −0.2209 | 0.0151 | 0.6806 | −0.0029 | 0.2642 |
| 2008 | 0.8668 | −0.6833 | −0.0273 | 0.3420 | −0.5351 | 0.0041 | 1.0545 | −0.7951 | −0.1414 |

续表

| 年份 | 陕西 | | | 甘肃 | | | 青海 | | |
| --- | --- | --- | --- | --- | --- | --- | --- | --- | --- |
| | ΔPG | ΔGE | ΔES | ΔPG | ΔGE | ΔES | ΔPG | ΔGE | ΔES |
| 2009 | 0.6709 | −0.1629 | 0.0357 | 0.2998 | −0.4062 | −0.0101 | 0.4158 | −0.1188 | −0.0105 |
| 2010 | 1.0864 | −0.2453 | 0.0199 | 0.7420 | −0.1817 | −0.0041 | 1.0249 | −1.7516 | −0.0248 |
| 2011 | 1.0721 | −0.7273 | 0.0198 | 0.6578 | −0.3175 | 0.0104 | 0.9167 | −0.2614 | −0.0892 |

表 4.4 表明，陕西、甘肃、青海三省 1997～2000 年人均社会总产出驱动非常平稳，2000 年以后人均社会总产出对人均碳排放的驱动都表现出明显的拉动作用，且陕西和青海两省驱动水平相互接近，拉动力度强于甘肃省，表明三省伴随经济发展的是能源密集型产业的发展。

能源效率强度驱动上，陕甘青三省绝大多数时期是在−0.5～0 波动，且彼此交错，没有哪一个省能够表现出优势来，这表明 1996～2011 年三省能源效率上有持续稳定的改进步伐。

能源消费碳排放强度驱动上，三省在 2001 年及以前作用力度差别很微弱，总体上只有较小程度地抑制碳排放增加，2001 年以后并没有有利于碳排放的改善措施，青海驱动力度无论是积极的还是消极的方面都明显强于陕西、甘肃两省。

除少数年份，三个省份三个驱动的综合作用是正向的，且重心逐步上升，这意味着三省人均碳排放整体上是上升的。

### 4.2.5　晋鲁豫碳排放分解

基于 LMDI 的晋鲁豫碳排放驱动因素分解如表 4.5 所示。

**表 4.5　基于 LMDI 的晋鲁豫碳排放驱动因素分解（1996～2011 年）**

| 年份 | 山西 | | | 山东 | | | 河南 | | |
| --- | --- | --- | --- | --- | --- | --- | --- | --- | --- |
| | ΔPG | ΔGE | ΔES | ΔPG | ΔGE | ΔES | ΔPG | ΔGE | ΔES |
| 1996 | 1.1854 | −1.0203 | 0.0021 | 0.2764 | −0.2171 | 0.0038 | 0.2427 | −0.2243 | 0.0008 |
| 1997 | 1.1352 | −1.8391 | −0.0037 | 0.2244 | −0.3024 | 0.0005 | 0.1581 | −0.2682 | −0.0012 |
| 1998 | 0.8944 | −0.5948 | −0.0078 | 0.1915 | −0.2415 | 0.0046 | 0.1228 | −0.0628 | 0.0011 |
| 1999 | 0.3701 | −1.2657 | 0.0034 | 0.1905 | −0.1703 | 0.0083 | 0.1011 | −0.0446 | 0.0001 |
| 2000 | 0.6667 | −0.6294 | 0.0024 | 0.1797 | −0.4300 | −0.0150 | 0.1981 | −0.1241 | 0.0009 |
| 2001 | 0.6529 | 0.1316 | 0.0568 | 0.1740 | 0.2218 | 0.0195 | 0.1435 | −0.0428 | 0.0005 |
| 2002 | 1.4560 | 0.7549 | 0.0169 | 0.2949 | −0.0060 | 0.0152 | 0.1768 | 0.0116 | 0.0020 |
| 2003 | 2.3993 | −1.1390 | 0.0002 | 0.4471 | 0.0970 | −0.0092 | 0.2518 | −0.0846 | −0.0006 |

| 年份 | 山西 | | | 山东 | | | 河南 | | |
|------|------|------|------|------|------|------|------|------|------|
| | ΔPG | ΔGE | ΔES | ΔPG | ΔGE | ΔES | ΔPG | ΔGE | ΔES |
| 2004 | 2.2625 | −2.4764 | −0.0510 | 0.6018 | −0.0467 | 0.0192 | 0.4551 | −0.2015 | −0.0013 |
| 2005 | 2.0048 | −1.2299 | −0.0769 | 0.8533 | 0.8855 | −0.0244 | 0.6560 | −0.0378 | 0.0065 |
| 2006 | 1.7403 | −0.6961 | −0.0070 | 0.8991 | −0.4490 | −0.0117 | 0.5147 | −0.1179 | 0.0020 |
| 2007 | 2.4899 | −2.9108 | −0.0453 | 0.6368 | −0.2531 | 0.0439 | 0.6302 | −0.4664 | 0.0058 |
| 2008 | 2.1571 | −4.3757 | −0.0494 | 0.8510 | −1.1025 | −0.0193 | 0.5859 | −0.8215 | −0.0070 |
| 2009 | 0.1253 | −0.2425 | −0.0382 | 0.7954 | −0.5324 | −0.0096 | 0.4361 | −0.3357 | −0.0031 |
| 2010 | 2.5059 | −2.8045 | −0.0253 | 0.6524 | −0.3121 | −0.0656 | 0.6350 | −0.5344 | −0.0054 |
| 2011 | 1.9989 | −2.0081 | −0.0052 | 0.6510 | −0.8920 | −0.0153 | 0.5499 | −0.3443 | −0.0095 |

　　基于表 4.5，可发现充当人均碳排放拉动因素的是人均社会总产出，而能源效率强度和能源消费碳排放强度则主要是抑制作用，不过三个驱动综合起来对人均碳排放没有表现出明显的抑制或刺激作用。具体来看，人均社会总产出的驱动上，除 2009 年，煤炭资源大省山西该指标大幅高于山东、河南两省，且波动非常剧烈。2002 年以来山西该指标一直在高位徘徊，表明经济发展对能源消费依赖非常大。山东则一直微弱高于河南省，两省 2001 年以前处于相对稳定时期，2001～2005 年处于快速拉升时期，而 2005～2011 年也处于相对稳定时期，不过波动幅度大于 2001 年以前，且重心有微弱的下降。这和我国整体经济运行态势有较大关系，我国 2001～2005 年实体经济和能源消费都处于快速增长时期，2005 年之后实体经济放缓，拉动经济增长的主要是房地产业的发展，能源消费放缓，2008 年受经济危机影响，实体经济进一步放缓，能源消费继续放缓。

　　能源效率强度指标驱动上山西、山东及河南在研究期内几乎全部为负向影响，且绝对值高于能源消费碳排放强度因素，表明能源效率强度的提高对碳排放的抑制作用超过能源消费碳排放强度因素。尤其是山西，除少数年份，该驱动均依次大于山东和河南。山西该驱动 2008 年甚至达到了−4.3757，而 2004 年山西该驱动分别是河南、山东的 12.29 倍和 53.03 倍。不过山西单位产出的能耗明显高于山东及河南，尽管降低幅度已经很大，但其绝对水平高，还有较大的降低空间。

　　能源消费碳排放强度驱动上，河南 2004 年以前比较稳定，2004 年以后波动变大，且有下行态势，表明河南省的能源结构开始出现优化。山西、山东两省波动幅度明显大于河南，也表现出下行态势且下降较河南明显，意味着山西、山东的能源结构也在优化，且优化幅度大于河南。

### 4.2.6　闽粤琼碳排放分解

　　基于 LMDI 的闽粤琼碳排放驱动因素分解如表 4.6 所示。

表 4.6　基于 LMDI 的闽粤琼碳排放驱动因素分解（1996～2011 年）

| 年份 | 福建 | | | 广东 | | | 海南 | | |
|---|---|---|---|---|---|---|---|---|---|
| | ΔPG | ΔGE | ΔES | ΔPG | ΔGE | ΔES | ΔPG | ΔGE | ΔES |
| 1996 | 0.1306 | −0.0197 | −0.0025 | 0.1185 | −0.0938 | −0.0011 | −0.0063 | 0.1122 | −0.0427 |
| 1997 | 0.1685 | −0.2727 | −0.0028 | 0.1898 | −0.3048 | 0.0041 | 0.0216 | 0.0439 | −0.0351 |
| 1998 | 0.1359 | −0.0419 | −0.0017 | 0.1626 | −0.0787 | −0.0125 | 0.0636 | 0.0368 | 0.0079 |
| 1999 | 0.1262 | 0.0325 | 0.0025 | 0.1500 | −0.0591 | −0.0034 | 0.0754 | −0.0153 | 0.0090 |
| 2000 | 0.0969 | −0.0352 | −0.0022 | 0.1964 | −0.1483 | 0.0028 | 0.0594 | −0.0372 | 0.0015 |
| 2001 | 0.0376 | −0.1080 | 0.0005 | 0.1365 | −0.1300 | −0.0019 | 0.0440 | −0.3807 | −0.1141 |
| 2002 | 0.1433 | 0.1872 | −0.0014 | 0.2216 | −0.0777 | 0.0018 | — | — | — |
| 2003 | 0.1671 | 0.1480 | 0.0078 | 0.3047 | −0.0463 | 0.0102 | — | — | — |
| 2004 | 0.1838 | 0.0681 | −0.0013 | 0.2621 | −0.1268 | −0.0058 | 0.1507 | −0.5164 | −0.0618 |
| 2005 | 0.2615 | 0.3342 | 0.0122 | 0.4086 | −0.0971 | −0.0184 | 0.1359 | −0.5851 | −0.0447 |
| 2006 | 0.3730 | −0.2056 | 0.0074 | 0.4156 | −0.2524 | 0.0045 | 0.1978 | −0.0841 | −0.0067 |
| 2007 | 0.4820 | −0.2762 | −0.0038 | 0.3497 | −0.3601 | −0.0119 | 0.1767 | −0.0562 | 0.0526 |
| 2008 | 0.3372 | −0.4712 | 0.0155 | 0.2384 | −0.4416 | 0.0048 | 0.2408 | −0.1766 | −0.0146 |
| 2009 | 0.5865 | −0.0489 | 0.0126 | 0.2770 | −0.0451 | −0.0601 | 0.2479 | −0.0961 | 0.0405 |
| 2010 | 0.5925 | −0.5908 | −0.1017 | 0.0799 | −0.4043 | 0.0878 | 0.4275 | −0.2155 | −0.0108 |
| 2011 | 0.5336 | 0.0074 | 0.0091 | 0.2345 | −0.1164 | −0.0139 | 0.4622 | 0.2541 | −0.0746 |

注：海南省缺 2001 年和 2002 年数据，故分解结果缺失 2002 年和 2003 年信息。

　　表 4.6 的结果表明人均社会总产出驱动上，福建和海南两省在整个研究期间表现出明显的上升态势，且福建高于海南，而广东则在 1997～2006 年高于福建和海南，2006 年之后表现出明确的下降态势，并逐步低于其他两省。表明福建和海南两省经济发展对能源有持续的依赖，而广东则由较强的依赖逐步弱化，逐步走上低能耗的发展之路。

　　能源效率强度驱动上，三省整体上表现出抑制碳排放作用，且抑制的力度在放大。其中广东 1996～2001 年能源效率驱动为负值，表明该省单位 GDP 消耗的能源持续下降，能源效率稳步提高。海南能源效率驱动在 2006 年以前一直是向着积极的方向大幅转变，2006 年以后这种转变在一定程度上有所反弹，不过总体上也是有益于碳减排的。福建则在 2006 年以前向着不利于减排的方向转变，2006 年以后这一恶化态势得到扭转。

　　能源消费碳排放强度驱动上，福建和广东 2009 年以前在 0 水平值附近交错，即两省能源结构没有明显优化，海南则在大多数年份表现出能源结构优化的特征。此外，能源效率驱动力度持续高于能源消费碳排放强度驱动。

### 4.2.7　四个自治区碳排放分解

基于 LMDI 的四自治区碳排放驱动因素分解如表 4.7 所示。

表 4.7　基于 LMDI 的四自治区碳排放驱动因素分解（1996~2011 年）

| 年份 | 内蒙古 | | | 广西 | | | 宁夏 | | | 新疆 | | |
|---|---|---|---|---|---|---|---|---|---|---|---|---|
| | $\Delta PG$ | $\Delta GE$ | $\Delta ES$ | $\Delta PG$ | $\Delta GE$ | $\Delta ES$ | $\Delta PG$ | $\Delta GE$ | $\Delta ES$ | $\Delta PG$ | $\Delta GE$ | $\Delta ES$ |
| 1996 | 0.463 | −0.110 | −0.004 | 0.062 | −0.077 | −0.002 | 0.300 | −0.276 | 0.005 | 0.077 | 0.291 | 0.002 |
| 1997 | 0.475 | 0.176 | −0.007 | 0.048 | −0.161 | 0.000 | 0.312 | −0.441 | 0.001 | 0.483 | −0.711 | −0.044 |
| 1998 | 0.459 | −0.954 | 0.000 | 0.118 | −0.032 | −0.008 | 0.357 | −0.479 | −0.013 | 0.242 | −0.216 | −0.003 |
| 1999 | 0.455 | −0.239 | 0.000 | 0.038 | −0.031 | −0.001 | 0.310 | −0.365 | 0.004 | 0.207 | −0.277 | −0.003 |
| 2000 | 0.428 | −0.171 | −0.012 | 0.028 | 0.022 | −0.006 | 0.296 | −0.444 | 0.000 | 0.423 | −0.364 | −0.010 |
| 2001 | 0.458 | −0.226 | −0.006 | 0.071 | −0.103 | −0.014 | 0.410 | −0.272 | 0.240 | 0.205 | −0.127 | −0.059 |
| 2002 | 0.694 | −0.138 | 0.005 | 0.100 | −0.065 | −0.014 | 0.430 | 0.084 | 0.000 | 0.218 | −0.180 | 0.022 |
| 2003 | 1.296 | 0.465 | −0.014 | 0.099 | 0.086 | 0.002 | 0.952 | 5.155 | −0.545 | 0.507 | −0.224 | −0.013 |
| 2004 | 1.596 | 0.046 | −0.039 | 0.193 | 0.114 | 0.010 | 1.124 | −2.386 | 0.056 | 0.343 | −0.029 | −0.028 |
| 2005 | 2.424 | −0.389 | −0.007 | 0.201 | −0.040 | −0.001 | 0.861 | −0.232 | 0.042 | 0.535 | −0.332 | 0.000 |
| 2006 | 2.739 | −0.991 | −0.036 | 0.281 | −0.189 | 0.009 | 1.412 | −0.902 | 0.010 | 0.540 | −0.091 | 0.007 |
| 2007 | 2.989 | −1.796 | −0.045 | 0.289 | −0.257 | 0.009 | 1.979 | −1.393 | −0.027 | 0.316 | −0.254 | 0.022 |
| 2008 | 3.808 | −2.040 | 0.006 | 0.260 | −0.418 | −0.001 | 2.681 | −2.437 | 0.049 | 0.526 | −0.399 | 0.105 |
| 2009 | 2.994 | −1.043 | −0.050 | 0.260 | 0.000 | 0.001 | 1.773 | −0.272 | 0.013 | 0.105 | 1.258 | 0.133 |
| 2010 | 2.272 | −1.840 | −0.031 | 0.522 | −0.158 | 0.000 | 2.644 | −0.726 | −0.069 | 1.454 | −1.222 | −0.014 |
| 2011 | 3.471 | 0.321 | 0.133 | 0.551 | −0.326 | 0.003 | 3.048 | 2.013 | 0.133 | 1.149 | −0.159 | 0.044 |

由表 4.7 可知，人均社会总产出驱动充当人均碳排放的拉动因素，而能源效率强度和能源消费碳排放强度则主要起抑制作用。

具体来看，人均社会总产出影响上内蒙古、宁夏、新疆、广西依次强于后者；四区在 2002 年以前变化不大，2003~2008 年内蒙古、宁夏两地快速增长，与新疆、广西两区差距明显放大；2008~2009 年因世界范围的经济危机影响，内蒙古、宁夏、新疆出现不同程度的下降；整个统计周期内广西统计值本身及波动都较小。该因素数值表明 2000 年以后内蒙古、宁夏两区经济发展对能源消费依赖非常高。

能源效率强度指标驱动上四区在研究期内几乎全部为负向影响，且绝对值高于能源消费碳排放强度因素，表明能源效率的提高对碳排放的抑制作用超过能源消费碳排放强度因素。此外，能源效率驱动的波动上宁夏、内蒙古、新疆、广西依次前者大于后者,整体上从 2002 年开始波动的幅度变大,抑制作用也明显增大。随着经济现代化的加速、国家治理大气污染工作的推进以及人民大众对环境保护问题的意识增强,可以预见单位产出能耗会进一步下降。

　　能源消费碳排放强度驱动的发展态势与能源效率强度驱动非常相似,2002年之前平缓,之后波动幅度放大,不过抑制作用整体上没有能源效率强度驱动大,其中广西波动最小。该驱动影响上四区普遍小,这表明四区能源结构优化还有较大空间,尤其是内蒙古和宁夏两区碳排放状况较为严峻,能源结构优化刻不容缓。

## 4.2.8　长江中游四省碳排放分解

　　基于 LMDI 的鄂湘赣皖碳排放驱动因素分解如表 4.8 所示。

表 4.8　基于 LMDI 的鄂湘赣皖碳排放驱动因素分解(1996~2011 年)

| 年份 | 湖北 | | | 湖南 | | | 江西 | | | 安徽 | | |
|---|---|---|---|---|---|---|---|---|---|---|---|---|
| | $\Delta PG$ | $\Delta GE$ | $\Delta ES$ | $\Delta PG$ | $\Delta GE$ | $\Delta ES$ | $\Delta PG$ | $\Delta GE$ | $\Delta ES$ | $\Delta PG$ | $\Delta GE$ | $\Delta ES$ |
| 1996 | 0.231 | −0.117 | −0.002 | 0.201 | −0.158 | 0.001 | 0.178 | −0.343 | −0.002 | 0.152 | −0.042 | 0.000 |
| 1997 | 0.268 | −0.217 | −0.001 | 0.170 | −0.523 | −0.002 | 0.150 | −0.259 | −0.003 | 0.187 | −0.288 | 0.000 |
| 1998 | 0.218 | −0.250 | 0.006 | 0.105 | −0.070 | 0.000 | 0.092 | −0.121 | −0.004 | 0.167 | −0.040 | 0.000 |
| 1999 | 0.107 | −0.044 | −0.002 | 0.101 | −0.428 | −0.005 | 0.106 | −0.069 | −0.004 | 0.147 | −0.075 | −0.001 |
| 2000 | 0.314 | −0.221 | −0.001 | 0.096 | −0.193 | −0.006 | 0.107 | −0.080 | −0.001 | 0.088 | −0.024 | 0.001 |
| 2001 | 0.174 | −0.259 | 0.001 | 0.135 | 0.110 | 0.008 | 0.077 | −0.045 | −0.002 | 0.196 | −0.107 | 0.000 |
| 2002 | 0.198 | −0.023 | −0.010 | 0.135 | −0.009 | −0.007 | 0.157 | −0.097 | −0.009 | 0.171 | −0.085 | −0.001 |
| 2003 | 0.275 | −0.003 | −0.012 | 0.155 | 0.024 | 0.006 | 0.172 | 0.081 | −0.001 | 0.208 | 0.005 | −0.001 |
| 2004 | 0.324 | −0.268 | 0.005 | 0.237 | 0.028 | 0.003 | 0.271 | −0.035 | 0.021 | 0.330 | −0.461 | −0.002 |
| 2005 | 0.415 | −0.168 | −0.020 | 0.276 | 0.538 | 0.000 | 0.269 | −0.123 | −0.008 | 0.226 | −0.160 | −0.005 |
| 2006 | 0.429 | −0.140 | −0.002 | 0.346 | −0.234 | −0.006 | 0.329 | −0.234 | 0.005 | 0.342 | −0.186 | −0.001 |
| 2007 | 0.584 | −0.320 | −0.024 | 0.478 | −0.418 | −0.005 | 0.292 | −0.240 | 0.011 | 0.386 | −0.253 | 0.001 |
| 2008 | 0.553 | −0.976 | −0.021 | 0.478 | −0.807 | 0.010 | 0.300 | −0.492 | −0.006 | 0.419 | −0.147 | −0.009 |
| 2009 | 0.671 | −0.303 | −0.002 | 0.490 | −0.234 | −0.012 | 0.277 | −0.167 | 0.009 | 0.585 | −0.129 | −0.006 |
| 2010 | 0.770 | −0.428 | 0.068 | 0.520 | −0.591 | −0.005 | 0.459 | −0.139 | −0.022 | 0.853 | −0.701 | −0.007 |
| 2011 | 0.793 | −0.404 | 0.001 | 0.505 | −0.442 | −0.019 | 0.498 | −0.370 | −0.004 | 0.687 | −0.649 | −0.019 |

　　由表 4.8 可知,长江中游四省人均社会总产出、能源效率强度和能源消费碳排放强度三因素作用大小各不相同,不过各年份三项系数和基本上都大于零,表明三因素综合效应为正。

　　具体来看，四省人均社会总产出均是正向拉动作用，其中湖北拉动作用最强，而安徽则自 2008 年开始，拉动作用上升最快，两省与湖南、江西拉动系数差距逐渐放大，其中湖南自 2007 年以来该系数处于比较稳定的状态。相对于人均社会总产出拉动作用而言，除个别年份，能源效率系数上无论是变动趋势还是系数值大小，四省明显处于胶着状态，且整体表现为负向抑制作用。能源消费碳排放强度上，四省都主要表现为负向作用，且 2002 年以后省际系数差距拉大，2003～2008年湖北的系数绝对值大多大于其他省份，表明该省能源结构优化快于其他三省。在能源优化环节湖北省还大有可为，湖北水电资源丰富，应积极争取提高从三峡电站分电比例，并对清江、汉江的资源进行充分挖掘。此外湖北省应该充分利用位于华中电网的中心位置，争取国家特高压网建设工程以将西南水电、内蒙古及山西火电引入，降低本省化石能源消费增速。

### 4.2.9　长江下游三省市碳排放分解

　　基于 LMDI 的苏浙沪碳排放驱动因素分解如表 4.9 所示。

**表 4.9　基于 LMDI 的江浙沪碳排放驱动因素分解（1996～2011 年）**

| 年份 | 江苏 | | | 浙江 | | | 上海 | | |
|---|---|---|---|---|---|---|---|---|---|
| | $\Delta PG$ | $\Delta GE$ | $\Delta ES$ | $\Delta PG$ | $\Delta GE$ | $\Delta ES$ | $\Delta PG$ | $\Delta GE$ | $\Delta ES$ |
| 1996 | 0.2337 | −0.2421 | −0.0045 | 0.2324 | −0.0461 | −0.0014 | 0.7130 | −0.6071 | −0.0422 |
| 1997 | 0.2329 | −0.4099 | −0.0012 | 0.2288 | −0.2115 | −0.0046 | 0.9114 | −0.9695 | −0.0217 |
| 1998 | 0.2103 | −0.1300 | −0.0057 | 0.1978 | −0.1786 | −0.0089 | 0.6943 | −0.7488 | −0.0102 |
| 1999 | 0.2041 | −0.1248 | −0.0029 | 0.2095 | −0.0814 | −0.0094 | 0.7072 | −0.6242 | −0.0201 |
| 2000 | 0.2064 | −0.2277 | −0.0067 | 0.1984 | 0.0045 | 0.0013 | 0.7046 | −0.5083 | −0.0192 |
| 2001 | 0.1940 | −0.2283 | −0.0016 | 0.1944 | −0.2293 | −0.0065 | 0.2999 | −0.4577 | −0.0285 |
| 2002 | 0.2988 | −0.1027 | −0.0040 | 0.3928 | −0.2077 | 0.0039 | 0.4888 | −0.5970 | −0.0626 |
| 2003 | 0.4029 | −0.1324 | −0.0008 | 0.5131 | −0.0438 | 0.0026 | 0.8339 | −0.5256 | −0.0490 |
| 2004 | 0.4197 | 0.1477 | 0.0079 | 0.3852 | −0.1919 | 0.0056 | 0.7431 | −1.0665 | −0.0991 |
| 2005 | 0.7918 | 0.1594 | 0.0333 | 0.3921 | 0.1003 | −0.0196 | 0.5648 | −0.5195 | −0.0728 |
| 2006 | 0.6192 | −0.2859 | −0.0172 | 0.5420 | −0.0509 | 0.0132 | 0.5835 | −0.9927 | −0.0881 |
| 2007 | 0.6020 | −0.5026 | −0.0142 | 0.5037 | −0.3254 | 0.0060 | 0.4810 | −1.1709 | −0.0241 |
| 2008 | 0.6065 | −0.9313 | −0.0442 | 0.2857 | −0.7065 | 0.0051 | 0.0112 | −0.8378 | −0.0189 |
| 2009 | 0.7120 | −0.5196 | 0.0131 | 0.3934 | −0.2473 | −0.0108 | 0.3847 | −0.6237 | −0.0747 |
| 2010 | 0.7986 | −0.5318 | −0.0013 | 0.6343 | −0.7676 | −0.0438 | 0.2892 | −0.3736 | −0.0275 |
| 2011 | 0.7191 | −0.0580 | 0.0028 | 0.3994 | −0.5697 | −0.0208 | 0.0638 | −0.6436 | −0.0391 |

由表 4.9 可知，上海人均社会总产出对人均碳排放的驱动表现出下降的态势，江苏、浙江则表现出上升趋势，2004 年以来江苏的驱动作用强于浙江，从 2007 年开始江苏、浙江的驱动作用强于上海。

上海的能源效率强度驱动、能源消费碳排放强度驱动均全部为负向影响，前者影响从 2006 年开始超过人均社会总产出驱动。此外，全期能源效率强度驱动影响数倍于能源消费碳排放强度，表明能源效率强度的提高对碳排放的抑制作用超过能源消费碳排放强度因素。除 1996 年、1999 年、2000 年及 2003 年，三个驱动的合作用均是负向，表明人均碳排放是下降的。

江苏、浙江两省的能源效率强度驱动、能源消费碳排放强度驱动绝大部分年份为负向影响，前者影响数倍于后者。除少数年份，三个驱动的综合作用是正向的，表明人均碳排放是上升的。

## 4.3　本　章　小　结

本章首先回顾了 LMDI 分解方法发展的历程，并在 Kaya 恒等式基础上给出碳排放的 LMDI 加法分解模型，将人均二氧化碳排放量分解为人均社会总产出、能源效率强度和能源消费碳排放强度三个因素影响的结果。

基于 LMDI 加法分解方法对 30 个省份及全国的人均碳排放量进行因素分解研究，发现仅有北京、上海两个直辖市经济发展对碳排放有抑制作用，其他省份均表现出不同程度的促进作用。这一特征也表现在能源消费碳排放强度上，目前仅有北京、上海两个直辖市的能源结构出现明显的优化，其他地方波动频繁，优化不是很明显。整体来看，30 个省份及全国能源效率强度逐步提升、能源消费碳排放强度逐步优化，两个驱动因素均对碳排放有抑制作用，不过由于人均社会总产出的驱动力度较大，整体上人均碳排放持续增加。

本章认为，为了减缓碳排放上升趋势，应进一步优化能源结构，降低二氧化碳高排放能源（如焦炭、煤炭）消费占比；提升煤清洁高效开发和利用技术；在保护生态环境基础上有序开发水电、核电，积极扶持风能、太阳能、地热能、海洋能等的开发和利用；推进生物质能源的发展；对高能耗产业逐步实施"产能总量控制—限制出口—进口替代"路径的产业优化措施，逐步减轻"输入性碳排放"压力。

# 第5章 基于空间面板 STIRPAT 模型的省域人均碳排放研究

国家主席习近平于 2014 年 11 月 10 日在 APEC 欢迎宴会上致辞时表示，希望并相信通过不懈的努力，APEC 蓝能够保持下去，希望北京乃至全中国都能够蓝天常在，青山常在，绿水常在，让孩子们都生活在良好的生态环境之中，认为这也是中国梦中很重要的内容。另据北京市环境保护局统计，APEC 空气质量保障过程中，北京市及周边津、冀、蒙、晋、鲁 5 省份均采取了减排措施。与上一年同期相比，北京市 $PM_{2.5}$ 浓度同比下降 55%，而采取了减排措施的 5 省份平均下降 29%，区域联防联控发挥了重要作用！2014 年 11 月 12 日中美达成《中美气候变化联合声明》，中国承诺计划 2030 年左右二氧化碳排放达到峰值且将努力早日达峰，并计划到 2030 年非化石能源占一次能源消费比重提高到 20%左右。北京 APEC 掀起了社会各界关注区域协作治理大气污染的高潮。

近年来许多学者基于空间计量经济学方法研究我国能源消费、碳排放问题，如郑长德和刘帅（2011）、姚奕和倪勤（2011）、陈青青和龙志和（2011）、许海平（2012）、李博（2013）、程叶青等（2013）、肖宏伟和易丹辉（2013）、郝宇等（2014）。综合这些研究来看也存在不足之处：①有些研究没有考虑规模因素的影响，解释变量中数量指标和质量指标并存；②部分研究忽略了对我国碳排放具有重要影响的对外开放因素、城市化因素，失之偏颇；③大部分文献是基于空间截面数据或空间混合数据的分析方法，应用空间面板方法文献非常少；④一些文献基于环境库兹涅茨曲线来研究碳排放，而欧元明和周少甫（2014）认为目前仅有北京、上海两地呈现倒"U"形特征，其他省份以及全国层面没有出现倒"U"形迹象，故基于环境库兹涅茨曲线研究值得推敲。因此本书采用基于区域环境影响决定因素的这些文献也存在如 1.2.3 节所述的不足：没有考虑规模因素的影响；部分研究忽略了商品进出口、城市化进程对碳排放的影响；大部分文献没有讨论研究对象间空间时间相互影响，基于目前并不存在的省域环境库兹涅茨曲线来研究碳排放。因此本书采用基于区域环境影响决定因素的 STIRPAT 模型，使用空间面板计量方法分析我国省域的碳排放与各个影响因素的关系。

# 5.1　空间面板计量理论

众所周知，空间计量经济学是计量经济学的一个分支，它旨在计量经济学方法下处理空间影响（spatial effects），而空间影响可能来自于空间依赖（spatial dependence），或来自于空间异质性（spatial heterogeneity）（Paelinck and Klaassen，1979；Anselin，1988；Anselin et al.，2008）。对于横截面模型，Cliff 和 Ord（1973）提出的空间自回归（spatial autoregressive，SAR）模型受到了很多关注。在此基础上研究的文献并不少（Anselin，1988；Anselin，1992；Kelejian and Robinson，1993；Cressie，1993；Anselin and Florax，1995；Anselin and Rey，1997；Anselin and Bera，1998；Kelejian and Prucha，1998；Kelejian and Prucha，2001；Kelejian and Prucha，2010；Lee，2003；Lee，2004；Lee，2007）。

Anselin（1988）提出可以将空间计量经济学扩展到面板数据模型上，但是 2000 年以后才开始较多地研究空间面板数据模型，如 Elhorst（2003）、Anselin 等（2008）、Yu 等（2008）、Lee 和 Yu（2010b；2010c）等。

## 5.1.1　空间面板计量经济学分类

基于空间面板模型中是否含有时间上滞后关系将其分为静态面板模型和动态面板模型。

静态面板模型中没有时间上滞后的被解释变量。Baltagi 等（2003）研究空间依赖关系检验应用到干扰项中含有空间依赖关系的静态面板模型。Baltagi 等（2007c）研究扩展空间和序列依赖关系检验应用的是静态面板模型，该模型的时间上的序列相关也存在于干扰项中。同样 Kapoor 等（2007）为静态面板模型提供了理论分析，其模型的干扰项含有 SAR 和误差成分。Baltagi 等（2007b）将 Kapoor 等（2007）静态模型中随机成分和干扰项设定为不同的空间影响。与上述模型随机效应设定相反，Lee 和 Yu（2010c）则研究了准最大似然估计量（quasi-maximum likehood estimation，QMLE）的渐近性质，该研究的 SAR 静态模型拥有固定效应和 SAR 干扰项。而 Mutl 和 Pfaffermayr（2010）研究的 SAR 静态面板模型则同时有固定和随机效应的设定，该研究还提出一个 Hausman 设定检验。

## 5.1.2　面板模型空间效应检验

在面板模型下检验空间影响，无非是检验空间滞后项或空间误差自相关项的系数是否与零存在显著差异。其首选的方案是基于拉格朗日乘子（Lagrange multiplier，LM）检验，该方案是在零假设下完成的，即不存在空间效应，这样可以避免极大似然方法估计的问题，对此 Anselin（2001）做了系统阐述。而检验统计量则是由截面的空间计量发展而来的，Anselin（1988）提出了似无关模型的空间效应检验；Anselin（1988）、Baltagi（2003；2006；2007；2008；2009）则对误差成分模型的空间效应检验做出较大贡献。Anselin（1988）做的是似然比检验，而 Baltagi 等（2003）首次提出一个联合检验和两个条件 LM 检验，其中联合检验可以同时检验空间误差的相关性和随机效应设定，条件 LM 检验则是在随机个体效应设定下检验空间误差相关或者在空间误差相关的设定下检验随机个体效应。其设定模型为

$$y_{ti} = X'_{ti}\beta + u_{ti}, \quad i = 1, 2, \cdots, N; t = 1, 2, \cdots, T$$
$$u_t = \mu + \varepsilon_t, \varepsilon_t = \lambda_1 W \varepsilon_t + \upsilon_t$$
(5.1)

联合检验的原假设是 $H_0^a : \lambda = \sigma_\mu^2 = 0$，条件 LM 检验的原假设分别为：①无空间相关即 $\lambda = 0$ 时检验 $H_0^a : \sigma_\mu^2 = 0$；②无随机效应即 $\sigma_\mu^2 = 0$ 时检验 $H_0^b : \lambda = 0$。

鉴于前述研究中空间效应仅存在于误差项中，而这显然与客观实际不太一致，Baltagi 等（2007b）则给出三种 LM 和似然比（likelihood ratio，LR）检验，该研究考虑的模型合并了 Anselin（1988）以及 Kapoor 等（2007）的设定，即模型是随机效应设定并且误差项为一阶自相关形式。具体而言模型设定为

$$Y = X\beta + U$$
$$U = Z_\mu U_1 + U_2, U_1 = \rho_1 W_N U_1 + \mu, U_2 = \rho_2 W_N U_2 + \upsilon_t$$
(5.2)

三个检验的原假设分别为：① $H_0^a : \rho_1 = \rho_2 = 0$，对应的是 Baltagi（2005）提及的没有空间效应的标准随机效应设定面板模型；② $H_0^b : \rho_1 = 0$，对应的是 Anselin（1988）提出的随机效应设定的空间面板模型；③ $H_0^c : \rho_1 = \rho_2 = \rho$，对应的是 Kapoor 等（2007）提及的随机效应设定的 KKP（Kapoor-Kelejian-Prucha）模型。

Baltagi 和 Liu（2008）则将随机效应模型设定为空间滞后自回归形式而非误差项的空间相关来探讨空间相关性的检验，也给出相应的 LM 和 LR 统计量。而Baltagi 等（2009）则考虑了空间异质性和空间相关并存模型，给出与 Baltagi 等（2003）提及的相似的条件 LM 检验和边际 LM 检验统计量。

Mutl 和 Pfaffermayr（2010）在 Kapoor 等（2007）研究的含有 Cliff 和 Ord 类型滞后被解释变量模型基础上建立随机效应和固定效应设定模型，并提出了一个空间 Hausman 检验来比较两种模型设定。该研究认为检验统计量是渐近卡方分布的，并以蒙特卡罗试验证实该检验效果很好，即便是小型面板模型。

Debarsy 和 Ertur（2009）认为此前检验研究中没有对误差空间自相关和空间滞后内生变量模型进行判别，因此在固定效应空间面板模型上提出了 5 种检验。该检验是基于 Lee 和 Yu（2010c）构造的 SARAR（1，1）模型来实现的：

$$Y_{n,t} = \rho W_n Y_{n,t} + X_{n,t}\beta + \mu_n + U_{n,t}$$
$$U_{n,t} = \lambda M_n U_{n,t} + V_{n,t}$$
(5.3)

式中，$W_n$、$M_n$ 是空间权重矩阵，而 $\rho$ 和 $\lambda$ 是未知待估计的空间自相关参数。

五种检验分别是：①联合检验 $H_0^a : \rho = \lambda = 0$，旨在检验空间自相关性的存在，并不区分是何种自相关，如果需要具体确认是何种空间自相关则需要进行后面四种简化的检验；② $H_0^b : \rho = 0$；③ $H_0^c : \lambda = 0$；④ $H_0^d : \lambda = 0, \rho \neq 0$；⑤ $H_0^e : \rho = 0, \lambda \neq 0$。其中②和③是一类，这两个检验旨在检验没有其他空间自相关情况下是否存在这一种空间自相关；而④和⑤这两个检验旨在检验在另一种空间自相关存在的情况下是否存在这一空间自相关。

## 5.1.3　空间面板计量估计

### 1. 静态空间面板的估计

现存文献对静态空间面板模型的设定并不完全一致，如 Anselin（1988）和 Baltagi 等（2003）研究的模型为 $Y_{nt} = X_{nt}\beta_0 + c_{n0} + U_{nt}$，$U_{nt} = \lambda_0 W_n U_{nt} + V_{nt}$，$t = 1, 2, \cdots, T$，其中 $V_{nt}$ 是 i.i.d$(0, \sigma_0^2)$，$c_{n0}$ 是 $n \times 1$ 的个体随机成分向量，空间相关关系体现在 $U_{nt}$ 中。Kapoor 等（2007）考虑的模型为 $Y_{nt} = X_{nt}\beta_0 + U_{nt}^+$ 和 $U_{nt}^+ = \lambda_0 W_n U_{nt}^+ + d_{n0} + V_{nt}$，$t = 1, 2, \cdots, T$，其中 $d_{n0}$ 是 $n \times 1$ 的个体随机成分向量。而 Baltagi 等（2007b）提出的模型则允许空间相关关系存在于个体和误差成分中且空间参数不同。

Lee 和 Yu（2010d）则给出一般化的静态 SAR 面板模型：

$$Y_{nt} = \lambda_{01} W_{n1} Y_{nt} + X_{nt}\beta_0 + \mu_n + U_{nt} \tag{5.4}$$

式中，$\mu_n = \lambda_{03} W_{n3}\mu_n + c_{n0}$，$U_{nt} = \lambda_{02} W_{n2} U_{nt} + V_{nt}$，$t = 1, 2, \cdots, T$，$Y_{nt} = (v_{1t}, v_{2t}, \cdots, v_{nt})^{\mathrm{T}}$ 和 $V_{nt} = (v_{1t}, v_{2t}, \cdots, v_{nt})^{\mathrm{T}}$ 是 $n \times 1$ 的向量，$v_{it}$ 是 i.i.d$(0, \sigma_0^2)$，$W_{n1}, W_{n2}, W_{n3}$ 均是 $n \times n$ 的前定的空间权重矩阵，且基于该权重生成截面单位之间的空间依赖关系。$X_{nt}$ 是 $n \times k$ 的非随机的时变回归元矩阵，并且 $\mu_n$ 是 $n \times 1$ 的个体效应向量。

$\mu_n$ 若视作固定参数则是固定效应设定，若视作随机成分则是随机效应设定。

### 1）固定效应的估计

Lee 和 Yu（2010c）认为具有固定个体效应的 SAR 面板模型，与一般固定效应设定的线性面板回归模型一样，直接极大似然估计方法虽然可以估计共同参数和固定效应，然而当 $T$ 是有限的时候，方差参数的估计量是非一致的，并且若模型同时含有个体效应和时间效应则只有在 $n, T$ 都很大时才可以得到一致估计量。鉴于此，Lee 和 Yu（2010c）提出可以用退时间均值乘子 $\left( J_T = I_T - \dfrac{1}{T} l_T l_T' \right)$ 转化的方法来处理，但考虑到剔除个体固定效应后干扰项会产生线性依赖，Lee 和 Yu（2010c）提出 $F_{T, T-1}$ 转化乘子，$F_{T, T-1}$ 是来源于 $J_T$ 特征向量的正交矩阵 $\left[ F_{T, T-1}, \dfrac{1}{\sqrt{T}} l_T \right]$ 中的特征值为 1 的特征向量矩阵。不过经过转化后，有效的样本容

量是 $n(T-1)$ 。Lee 和 Yu（2010c）证实不论 $n,T$ 是不是足够大，转换方法能得到固定效应设定 SAR 模型的所有共同参数的一致估计量，包括 $\sigma_0^2$ ，且不受 Baltagi 等（2003）和 Kapoor 等（2007）的模型设定差异影响。

　　2）随机效应的估计

　　当数据生成过程对于个体效应是随机设定时，Baltagi 等（2007a）、Kapoor 等（2007）、Lee 和 Yu（2010b；2010c）提出的模型都含有时不变的回归元 $z_n$ 。Lee 和 Yu（2010b）则给出了更一般化设定的模型：

$$Y_{nt} = l_n b_0 + z_n \eta_0 + \lambda_{01} W_{n1} Y_{nt} + X_{nt} \beta_0 + \mu_n + U_{nt}, \quad t=1,2,\cdots,T \qquad (5.5)$$

式中，

$$\mu_n = \lambda_{03} W_{n3} \mu_n + c_{n0}, \quad U_{nt} = \lambda_{02} W_{n2} U_{nt} + V_{nt}$$

并给出对数似然函数：

$$\ln L(Y_{nT}) = -\frac{nT}{2}\ln(2\pi) - \frac{1}{2}\ln|\Omega_{nT}| + T\ln|S_n| - \frac{1}{2}\xi'_{nT}(\theta)\Omega_{nT}^{-1}\xi_{nT}(\theta) \qquad (5.6)$$

式中， $\xi_{nT}(\theta) = S_{nT}Y_{nT} - X_{nT}\beta - l_T \otimes (l_n b + z_n \eta)$ 。 $\Omega_{nT}$ 的逆和行列式的计算是基于 Baltagi 等（2007b）引用的文献（Magnus，1982）的引理 2.2 给出的：

$$\Omega_{nT}^{-1} = \frac{1}{T}l_T l'_T \otimes [T\sigma_c^2(C'_n C_n)^{-1} + \sigma_v^2(R'_n R_n)^{-1}]^{-1} + J_T \otimes [(\sigma_v^2)^{-1}(R'_n R_n)] \qquad (5.7)$$

且

$$|\Omega_{nT}| = |T\sigma_c^2(C'_n C_n)^{-1} + \sigma_v^2(R'_n R_n)^{-1}| \, |\sigma_v^2(R'_n R_n)^{-1}|^{T-1} \qquad (5.8)$$

　　而 Kapoor 等（2007）采取另一条思路：广义矩估计。该研究将 Kelejian 和 Prucha（1999）提出的针对截面空间自回归系数估计和干扰过程的方差成分估计的广义矩法扩展到面板模型上来，提出用 $(\lambda, \sigma_v^2, \sigma_1^2)$ 作为矩条件进行矩方法估计，其中 $\sigma_1^2 = \sigma_v^2 + T\sigma_\mu^2$ 。当 $T \geqslant 2$ 且有限时使用矩条件：

$$E\begin{bmatrix} \dfrac{1}{n(T-1)}\varepsilon'_{nT}Q_{0,nT}\varepsilon_{nT} \\[2mm] \dfrac{1}{n(T-1)}\overline{\varepsilon}'_{nT}Q_{0,nT}\overline{\varepsilon}_{nT} \\[2mm] \dfrac{1}{n(T-1)}\overline{\varepsilon}'_{nT}Q_{0,nT}\varepsilon_{nT} \\[2mm] \dfrac{1}{n}\varepsilon'_{nT}Q_{0,nT}\varepsilon_{nT} \\[2mm] \dfrac{1}{n}\overline{\varepsilon}'_{nT}Q_{1,nT}\overline{\varepsilon}_{nT} \\[2mm] \dfrac{1}{n}\overline{\varepsilon}'_{nT}Q_{1,nT}\overline{\varepsilon}_{nT} \end{bmatrix} = \begin{bmatrix} \sigma_v^2 \\[2mm] \sigma_v^2 \dfrac{1}{n}\mathrm{tr}(W'_n W_n) \\[2mm] 0 \\[2mm] \sigma_1^2 \\[2mm] \sigma_1^2 \dfrac{1}{n}\mathrm{tr}(W'_n W_n) \\[2mm] 0 \end{bmatrix} \qquad (5.9)$$

基于最小二乘的残差，从式（5.9）可以得到$(\lambda, \sigma_v^2, \sigma_1^2)$，则 $\beta_0$ 的广义最小二乘估计可以写为：$\hat{\beta}_{\mathrm{GLS},n} = [X'_{nT}(\Omega_{nT}^{kkp})^{-1}X_{nT}]^{-1}[X'_{nT}(\Omega_{nT}^{kkp})^{-1}Y_{nT}]$，而可行的广义最小二乘估计量则可以通过将式（5.9）矩条件估计的结果替换 $\Omega_{nT}^{kkp}$ 中的 $(\lambda, \sigma_v^2, \sigma_1^2)$ 来得到的。

Cizek 等（2011）将 Kapoor 等（2007）的模型扩展为同时含有被解释变量的时间和空间滞后形式，并因为时间滞后导致的内生性，提出了一个三阶段广义矩估计。该方法将 Kapoor 等（2007）扩展框架与 Arellano 和 Bond（1991）、Blundell 和 Bond（1998）提及的动态面板模型广义矩估计量合并，并通过空间滞后和加权外生变量补充动态工具变量来得到空间动态面板估计量。

**2. 动态空间面板的估计**

通过将动态特性引入空间面板模型，Anselin（2001）将空间动态模型划分为四类，如下所示。

（1）纯粹空间递归（pure space recursive，只有一个空间时间滞后），模型如

$$y_t = \gamma W_N y_{t-1} + X_t \beta + \varepsilon_t \tag{5.10}$$

（2）时间空间递归（time-space recursive，有一个个体时间滞后和一个空间时间滞后），模型如

$$y_t = \phi y_{t-1} + \gamma W_N y_{t-1} + X_t \beta + \varepsilon_t \tag{5.11}$$

（3）时间空间同时（time-space simultaneous，有一个个体时间滞后和一个同期空间滞后），模型如

$$y_t = \phi y_{t-1} + \rho W_N y_t \tag{5.12}$$

（4）时间空间动态（time-space dynamic，包括所有形式的滞后），模型如

$$y_t = \phi y_{t-1} + \rho W_N y_t + \gamma W_N y_{t-1} + X_t \beta + \varepsilon_t \tag{5.13}$$

Korniotis（2005）提到的模型是一个时间空间递归模型，模型中只有个体时间滞后和空间时间滞后而没有同期空间滞后，该模型还含有固定效应，有些学者利用该模型对美国各个州的消费增长进行了实证研究，如 Elhorst（2005）考虑了一种用空间误差的动态面板模型，Su 和 Yang（2015）推导了在固定效应和随机效应设定下的该模型的准极大似然估计量。对于一般的时间空间动态模型，Yu 等（2008）以及 Yu 和 Lee（2010）做了研究，涉及空间协整、稳定性、单位根模型（有个体时间滞后、空间时间滞后和同期空间滞后几种情况）。

1）动态面板模型

Lee 和 Yu（2010a）提议可以将一般化的空间动态面板数据（spatial dynamic panel data，SDPD）模型设定为

$$Y_{nt} = \lambda_0 W_n Y_{nt} + \gamma_0 Y_{n,t-1} + \rho_0 W_n Y_{n,t-1} + X_{nt}\beta_0 + c_{n0} + \alpha_{t0}l_n + V_{nt}, \quad t = 1, 2, \cdots, T \tag{5.14}$$

式中，$\gamma_0$ 捕捉纯动态效应；$\rho_0$ 捕捉"空间时间效应"。因为存在固定的个体效应

和时间效应，$X_{nt}$ 不包含任何时间不变或个体不变的回归元，Yu 等（2008）设置均不含 $\alpha_{t0}l_n$。Yu 等（2008）以及 Lee 和 Yu（2010b）基于系数间关系将模型划分四类：①当 $\gamma_0 + \rho_0 + \lambda_0 < 1$ 时稳定；②当 $\gamma_0 + \rho_0 + \lambda_0 = 1$，但 $\gamma_0 \neq 1$ 时是空间协整；③当 $\gamma_0 + \rho_0 + \lambda_0 > 1$ 时发散；④当 $\gamma_0 = 1$ 且 $\rho_0 + \lambda_0 = 0$ 时是纯单位根。

对于稳定情形，Yu 等（2008）研究 $T$ 趋向无穷大时固定效应设定模型的 QMLE 的性质，发现当 $T$ 相对于 $n$ 渐近大时，估计量是 $\sqrt{nT}$ 一致的，并服从渐近正态分布，有限分布集中于 0 附近；当 $n$ 渐近于 $T$ 时，估计量是 $\sqrt{nT}$ 一致的，并服从渐近正态分布，但有限分布不再集中于 0 附近；当 $n$ 大于 $T$ 时，估计量是 $T$ 一致的，且有一个退化的有限分布。

对于空间协整情形，Lee 和 Yu（2010）发现尽管 QMLE 是 $\sqrt{nT}$ 一致的，并服从渐近正态分布，但是不稳定成分的存在会使得估计量的渐近方差矩阵奇异，此外空间和动态影响的和会以更快的速率 $\sqrt{nT^3}$ 收敛。Lee 和 Yu（2010）发现当时间影响包含在 SDPD 模型中时，直接用极大似然估计方法得到的共同参数会产生 $O(\max(1/n, 1/T))$ 阶偏差，相反使用 $J_n$（即 $I_n - \dfrac{1}{n}l_n l_n'$）转化方法，不仅可以避免 $O(1/n)$ 阶偏差，其估计量会和直接 QMLE 有相同的渐近效率。尤其是当 $n/T \rightarrow 0$ 时，转化方法的估计量相对于直接估计量会有更快的收敛速率。同样，当 $n/T \rightarrow 0$ 时，直接方法估计量有退化的有限分布，而转换方法估计量有正确的中心且服从渐近正态分布。

对于发散情形，Lee 和 Yu（2010b）认为尽管直接得到估计量是很困难的，且 QMLE 的渐近性质是未知的，但模型的发散特性可以用空间差分乘子 $I_n - W_n$ 来避免，这种转换不仅可以剔除时间效应，还可以剔除可能的不稳定性，或者由空间协整或发散根产生的发散成分。研究指出空间差分转换可以应用于稳定、空间协整或发散根的数据生成过程，甚至该研究认为 $I_n - W_n$ 转化为 SDPD 模型估计提供了统一的程序。

Lee 和 Yu（2010a）以及 Lee 和 Yu（2010b）研究了单位根 SDPD 模型，发现纯动态系数 $\gamma_0$ 的估计是 $\sqrt{nT^3}$ 一致的，所有其他参数估计量是 $\sqrt{nT}$ 一致的，且它们都是服从渐近正态的。此外，同期空间影响 $\lambda_0$ 估计量与动态空间影响 $\rho_0$ 估计量的和会以 $\sqrt{nT^3}$ 速率收敛。$\gamma_0$ 估计量的偏误是 $O(1/T^2)$ 阶，而其他估计量的偏误都是 $O(1/T)$ 阶的。两文献还就纯单位根情形和空间协整情形做了比较，认为估计量收敛速度以及偏误存在差异的原因在于，单位根 SDPD 模型的单位特征值和空间权重矩阵的特征值没有联系，而空间协整模型的单位特征值和空间权重矩阵的单位特征值是准确对应的。

2）有 SAR 干扰的动态面板模型

Elhorst（2005），Lee 和 Yu（2010a）以及 Su 和 Yang（2015）研究的是有空

间干扰的动态面板模型：

$$Y_{nt} = \gamma_0 Y_{n,t-1} + X_{nt}\beta_0 + z_n\eta_0 + U_{nt}, \quad t = 1, 2, \cdots, T \tag{5.15}$$

式中，$U_{nt} = \mu_n + \varepsilon_{nt}$，$\varepsilon_{nt} = \lambda_0 W_n \varepsilon_{nt} + V_{nt}$。

Elhorst（2005）及 Su 和 Yang（2015）已经着重讨论了短面板的估计情况，如 $n$ 大但 $T$ 固定的情况。Elhorst（2005）用一阶差分来消除 $\mu_n$ 中的固定的个体效应。Su 和 Yang（2015）推导了随机效应和固定效应设定下的 QMLE 渐近性质。当 $T$ 是固定的、有动态特性，初始观测 $Y_{n0}$ 的设定是重要的。当 $Y_{n0}$ 假定是外生的，其似然函数比较容易得到，无非是随机效应设定或者固定效应设定，若是固定效应设定则用一阶差分消除个体效应。当 $Y_{n0}$ 假定是内生的，Su 和 Yang（2015）则建议应用 Bhargava 和 Sargan（1983）的近似过程产生 $Y_{n0}$，由对应的似然函数可以得到 QMLE。Su 和 Yang（2015）表明在 $\Delta Y_{n1}$ 设定正确的假定下，随机效应和固定效应设定下的 ML 估计量都是一致的，服从渐近正态分布；如果初始值设定是错误的，短面板的估计量将不会是一致的。

## 5.2　空间面板 STIRPAT 模型

Ehrlich 和 Holden（1971）首次提出建立"IPAT"方程来反映人口对环境压力的影响，I 代表环境压力、P 代表人口数量、A 代表富裕度、T 代表技术。显而易见，该模型假设三种因素对环境的影响是单调同比例变化的，即任何因素变化 1%，环境影响也变化 1%，且从模型中也无法区别出影响环境的最主要因素，为了此类问题，Dietz 和 Rosa（1997）在 IPAT 的基础上又发展出了 STIRPAT 模型。

### 5.2.1　空间面板 STIRPAT 基础模型

STIRPAT 模型保留了 IPAT 模型中环境压力和人口数量、富裕度、技术的关系的主要思想，还加入随机性影响，如此通过对技术项的分解，便于实证分析。

STIRPAT 模型通常具有如下的形式：

$$I_i = e^{\beta_0} P_i^{\beta_1} A_i^{\beta_2} T_i^{\beta_3} e^{\varepsilon_i} \tag{5.16}$$

式中，$I_i$、$P_i$、$A_i$、$T_i$ 含义和 IPAT 模型基本相同；模型将环境影响 $I_i$ 分解为人口 $P_i$、富裕 $A_i$、技术 $T_i$ 的乘积；$\beta_0$、$\beta_1$、$\beta_2$、$\beta_3$ 是被估计的参数；$\varepsilon_i$ 是随机误差。IPAT 等式成为 STIRPAT 模型的特殊形式（$\beta_0 = \beta_1 = \beta_2 = \beta_3 = \varepsilon_i = 1$）。式（5.16）中下标 $i$ 表明 $I$、$P$、$A$ 和 $T$ 在不同观测单元之间的变化。

实证中，式（5.16）转换成对数形式：

$$\ln I_{it} = \beta_0 + \beta_1 \ln P_{it} + \beta_2 \ln A_{it} + \beta_3 \ln T_{it} + \varepsilon_{it} \tag{5.17}$$

式（5.17）中斜率系数 $\beta_1$、$\beta_2$、$\beta_3$ 表示在其他影响因素不变的条件下，驱动因素（如 $P_i$ 或 $A_i$ 或 $T_i$）每变化 1%所引起的环境影响变化的百分率，这相当于经济学中的弹性概念。

STIRPAT 模型受到研究者追捧非常重要的原因之一在于其灵活性。研究者根据研究目的及需要可以增加其他控制因素来分析它们对环境的影响，只不过要求增加的解释变量应该与式（5.16）的乘积形式保持一致。

## 5.2.2　空间面板 STIRPAT 模型变量

### 1. 人均 GDP

环境库兹涅茨曲线理论认为在经济增长初期随着人均 GDP 不断增加，环境质量逐渐恶化，而当人均 GDP 增长到一定程度时，环境开始改善，并伴随着人均 GDP 增加而继续改善，即所谓的倒"U"形曲线变化关系。尽管不赞成环境库兹涅茨曲线模型适用于目前阶段我国碳排放的研究，但本书认为人均 GDP 对碳排放的影响是不容忽视的。

### 2. 出口贸易占 GDP 比

各国存在国际分工、资源禀赋、产业结构、能源利用效率等各方面的差异，使得国际贸易中存在碳排放转移的问题，因此国际贸易分工也是影响碳排放的重要因素之一。研究学者对贸易与环境质量之间的关系持有不同的意见，有学者认为，贸易可以推动我国相关企业的技术进步，从而降低单位产值的二氧化碳排放、改善环境质量。也有学者认为贸易对我国环境具有恶化作用。本书认为贸易分工对碳排放具有双重作用：进口高耗能的资源密集型的产品减少碳排放量；而出口高耗能的资源密集型产品增加碳排放量。而我国当前出口以三来一补、工业产品为主，因此出口的增加在当前阶段将不利于碳减排。不过困于现在我国发展整体水平还不是很高，很多地方面临发展经济、改善民生、提升人民生活水平的较大压力，经济发展对出口的依赖很大，地方政府、中央政府都在积极努力扩大出口。从长远考虑，随着我国单纯发展经济的压力逐步减轻，人们对生态环境的要求提升，我国应该着手对出口分类规划制定政策，对于具有高附加值的高科技产业、低能耗低污染产业、旅游业以及其他服务业应大力扶持、支持，对于高能耗、高污染产业应该逐步减少出口、扩大进口，减少污染的输入。正是基于上述考虑，本书决定将出口贸易占 GDP 比纳入实证模型。

### 3. 城市化

城市化水平是影响碳排放的重要因素之一，城市化、工业化阶段的能源消费特点是增长快和能源需求刚性。城市是人口、交通、工业等各种资源的集中地，也是能源消耗、碳排放的集中地。目前城市居民人均能源消费量是农村居民的 3.5～4 倍，超过 75% 的温室气体是由城市排放的。可以预见，城市化的不断推进将对二氧化碳的排放具有正的促进作用，即城市化将对我国的环境质量造成不利影响。我国正式公布省域城市化水平的时间不是很长，很多文献对于城市化有不同的衡量方法，较为普遍的是用城镇人口占总人口的比重表示城市化水平，本书对此有不同的意见。众所周知，我国目前的户籍制度决定了城镇户口统计的是具有城市户籍的人，而实际在城市生活、工作的人远远超过了户籍人口，换句话说以城镇人口占总人口的比重代表的是显性城市化水平，以第二、三产业就业人数占全部就业人员的比重更能刻画我国当前实际情况，是一种隐形城市化水平。

### 4. 人口规模

关于人口对环境的影响研究，尹向飞（2011）做了较好的归纳总结，认为至少存在四种观点：第一种观点认为人口增长对环境存在严重甚至灾难性的影响（Daily and Ehrlich，1992；Ehrlich，1968；Ehrlich and Ann，1990）；第二种观点部分源于文献（Boserup，1980），认为人口和经济增长对资源需求增加，但是意识到资源贫乏使得人们改进生产技术、寻找替代品和提高效率，因此人口增长对环境的影响是中性甚至积极的，其代表为文献（Simon，1981），该研究认为人口增长对环境的影响始终是积极的；第三种观点将环境的影响归因于技术选择的经济政策而非人口增长（Commoner，1992；Barkin D，2009）等；第四种观点认为人口不是影响环境的支配性因素，但是和富裕度、技术选择等因素共同影响环境（Keyfitz，1991；Ridker，1972）。国内文献一般认为人口规模对碳排放量具有正向影响。其理由归纳来看有两点：①人口越多，使用和消耗的能源就越多，所产生的碳排放量也就越大；②人口增长不可避免地改变了自然生态环境，增加了碳排放量。孙敬水等（2011）认为随着收入水平和技术水平的提高，人们对优质环境的需求增加，社会的环境保护意识以及减少碳排放和改善环境质量的能力也随之提升，这会使得人口规模对碳排放产生负向影响。本书以人口密度替代普遍使用的人口规模，毕竟被解释变量是人均碳排放量，已经提出规模程度的影响，再引入一个规模水平变量解释则不妥。本书认为在我国人口密度与人均碳排放之间应该是负向关系的，因为我国地区经济发展与能源禀赋存在反向关系，而经济发展与人口密度是正相关的。

### 5. 技术进步

随着技术的进步，能源利用效率不断提升，碳排放将下降，本书以能源强度描述技术进步。能源强度也称为单位产值能耗，它反映了能源经济活动的整体效率。同等情况下，能源强度越高，碳排放量就越大。

6. 能源消费结构

能源消费结构趋于低碳化将会减少碳排放量。多年来，我国能源消费结构以煤炭为主（近十年来一直在 70%左右），这使得碳排放量逐年增加的状况在相当长的一段时期内不会发生根本的改变。要想改变这种状况，就必须优化能源结构，用低碳能源逐步替代煤炭等高碳能源。我国已经提出到 2030 年，非化石能源占一次能源消费比重提高到 20%左右。

7. 产业结构

不同产业部门消耗的能源类型和结构是不同的，导致碳排放量也各不相同。由于第二产业终端能源消费占到全部终端能源消费的 60%以上，因此第二产业在国民经济中比例的变化在一定程度上决定了碳排放量的变化。也就是说，第二产业所占比例越高，碳排放量就越大。

### 5.2.3　空间面板 STIRPAT 模型设定

由此，STIRPAT 模型扩展为

$$\ln I_i = \beta_0 + \beta_1 \ln P_i + \beta_2 \ln UR_i + \beta_3 \ln Y_i + \beta_4 \ln EI_i$$
$$+ \beta_5 \ln TR_i + \beta_6 \ln ES_i + \beta_7 \ln IS_i + \varepsilon_i \tag{5.18}$$

式中，$\ln I_i$ 代表地区人均碳排放；$\ln P_i$ 为地区人口密度；$\ln Y_i$ 表示地区人均 GDP；$\ln UR_i$ 为城市化率；$\ln EI_i$ 为能源强度；$\ln TR_i$ 是贸易开放度；$\ln ES_i$ 为能源结构；$\ln IS_i$ 是产业结构。

进一步，本书将扩展的 STIRPAT 模型延伸到空间面板模型上，如下所示。

空间滞后模型：

$$\ln I_i = \beta_0 + \rho W \ln I_{ii} + \beta_1 \ln P_i + \beta_2 \ln UR_i + \beta_3 \ln Y_i$$
$$+ \beta_4 \ln EI_i + \beta_5 \ln TR_i + \beta_6 \ln ES_i + \beta_7 \ln IS_i + \varepsilon_i \tag{5.19}$$

空间误差模型：

$$\ln I_i = \beta_0 + \beta_1 \ln P_i + \beta_2 \ln UR_i + \beta_3 \ln Y_i + \beta_4 \ln EI_i$$
$$+ \beta_5 \ln TR_i + \beta_6 \ln ES_i + \beta_7 \ln IS_i + \rho W \varepsilon_i + \mu_i \tag{5.20}$$

两式中其他变量含义同上。$W$ 为空间权重矩阵，刻画的是一种邻近关系，它和被解释变量的乘积被视为被解释变量的空间滞后，进而对被解释变量分析空间上的相互影响。例如，一个简单的二元对称空间权重矩阵 $W_{n \times n}$ 被用来表达 $n$ 个空间位置的邻近关系，通常在空间计量经济学里，采用邻接和距离的标准来度量这种邻近关系。

因此，空间权重矩阵存在很多形式，最常用的是 01 矩阵和距离矩阵。在本书中，采取 01 矩阵进行度量空间的邻近关系。其定义如下：

$$W_{ij} = \begin{cases} 1, & \text{区域 } i \text{ 与区域 } j \text{ 相邻} \\ 0, & \text{区域 } i \text{ 与区域 } j \text{ 不相邻} \end{cases} \tag{5.21}$$

式中，$i = 1, 2, \cdots, n$，$j = 1, 2, \cdots, m$，$m = n$ 或 $m \neq n$。设定权重矩阵时，不仅要被解释变量在空间上存在着相关性，而且还需要对权重矩阵的元素进行预处理和标准化。空间权重矩阵还有其他的一些优点，例如，通过距离标准，可以很容易地解释空间滞后项的估计系数，而且还能保证这一系数可以间断取值，而不因数据缺失受影响。

本章实证研究变量涉及 30 个省份 1996～2010 年度的数据。

## 5.3 实 证 分 析

LR for FE 检验原假设无固定效应，备择假设有固定效应，若拒绝原假设说明存在固定效应，基于固定效应模型做出的结论更合适；而 LR for RE 检验原假设存在随机效应，备择假设有固定效应，如果接受原假设，则基于随机效应模型分析更合适。然而 Elhorst（2010）发现在空间面板计量模型中，即便模型中确实存在随机效应，检验结果也有可能拒绝原假设，因此提出需要将 LR 检验和 Hausman 检验进行组合检验以提高检验的可信度。表 5.1 是空间滞后模型（spatial lag model，SLM）和空间误差模型（spatial error model，SEM）的 LR 检验及 Hausman 检验的结果。

**表 5.1 空间面板模型的固定效应和随机效应检验**

| 检验方式 | SLM | | SEM | |
| --- | --- | --- | --- | --- |
| | 统计量 | $p$ | 统计量 | $p$ |
| LR for FE | 1418.0042 | 0.0000 | 1526.2503 | 0.0000 |
| LR for RE | 1245.3747 | 0.0000 | 1374.8383 | 0.0000 |
| Hausman | −144.0198 | 0.0000 | 1003.0772 | 0.0000 |

表 5.1 的结果表明，在 1% 的显著水平上，无论是 SLM 还是 SEM，LR for FE 检验、LR for RE 检验、Hausman 检验均不接受原假设，即可以认为设定为固定效应模型更合适。固定效应模型根据需要又可以进一步分为无固定效应，空间固定效应，时间固定效应和空间、时间双向固定效应模型。SLM 和 SEM 空间固定效应，时间固定效应和空间、时间双向固定效应（时空固定效应）运行结果及检验见表 5.2 和表 5.3，同时为了比较，表 5.2 和表 5.3 还同时给出无固定效应模型的估计结果。

表 5.2　SLM 估计结果

| 参数类型 | 混合模型 | | 空间固定模型 | | 时间固定模型 | | 时空固定模型 | |
|---|---|---|---|---|---|---|---|---|
| | 参数值 | $p$ | 参数值 | $p$ | 参数值 | $p$ | 参数值 | $p$ |
| $P$ | 0.014 | 0.194 | −0.151 | 0.004 | 0.007 | 0.000 | −0.392 | 0.000 |
| UR | −0.494 | 0.000 | 0.172 | 0.000 | −0.008 | 0.565 | −0.027 | 0.184 |
| $Y$ | 0.627 | 0.000 | 1.140 | 0.000 | 1.007 | 0.000 | 0.948 | 0.000 |
| EI | 0.812 | 0.000 | 0.934 | 0.000 | 1.013 | 0.000 | 0.988 | 0.000 |
| TR | 0.101 | 0.000 | 0.004 | 0.637 | 0.010 | 0.005 | 0.001 | 0.863 |
| ES | 0.816 | 0.000 | 0.127 | 0.000 | 0.194 | 0.000 | 0.181 | 0.000 |
| IS | −0.069 | 0.362 | 0.041 | 0.304 | −0.018 | 0.122 | −0.047 | 0.028 |
| $W \cdot I$ | 0.565 | 0.000 | 0.153 | 0.000 | 0.007 | 0.220 | 0.009 | 0.477 |
| $R^2$ | 0.876 | | 0.994 | | 0.997 | | 0.998 | |

从表 5.2 的估计结果来看，人口密度（$P$）、城市化率（UR）、产业结构（IS）的符号不稳定。

人均 GDP（$Y$）的符号稳定，且四种模型对应的系数均是正向显著的。表明在当前阶段，伴随着经济的发展碳排放是上升的。我国整体上处于工业化的中期阶段[①]，且是一个低成本的出口导向的工业化，几乎在世界的每个角落都能够找到物美价廉的中国制造产品。工业化的推进，必然带来能源消费的增加，所以两者显著的正向相关关系不足为奇。

表 5.2 结果还表明，四种模型的贸易开放度（TR）的符号都是正向显著的，由此某种意义上我国当前在一定程度上存在"污染天堂假说[②]"现象。从改革开放初期到当前甚至稍后一段时间内，我国经济发展更多表现出的是存在资本技

---

① 国内一些政府机构和学术单位对我国工业化所处阶段进行了分析，其结论存在着一定程度的分歧，不同之处主要体现在，是处在工业化"中期阶段"还是处在工业化"中后期阶段"。主张我国处于工业化中期阶段的主要是政府一些部门。工业和信息化部认为，中国目前仍处于工业化中期阶段，工业化进程远没有结束；国家统计局认为，中国 2010 年的工业化指数不到 60（完成工业化时工业化指数为 100），工业化仍可持续较长时期。主张工业化处在由中期向后期过渡阶段的主要是学术研究机构和部分学者。中国社会科学院课题组 2007 年的分析认为，2005 年中国处于工业化中期的后半阶段，并预计 2020 年前后中国完成工业化。国家信息中心部分专家认为，中国在 1995 年进入工业化中期阶段，并于 2014 年结束工业化中期阶段，2015 年进入工业化后期阶段。还有的学者认为，中国在 1994～2002 年进入工业化中期阶段，2003 年以后，工业化进入中后期阶段。

② 该假说也称"污染避难所假说"或"产业区位重置假说"，主要指污染密集产业的企业倾向于建立在环境标准相对较低的国家或地区。在完全贸易自由化条件下，产品价格与产地无关。而现实世界里，由于存在运输成本与贸易壁垒，贸易自由化通过套利机制使产品价格趋于一致。当产品有统一的价格时，生产成本决定生产区位。如果各个国家除了环境标准，其他方面的条件都相同，那么污染企业就会选择在环境标准较低的国家进行生产，这些国家就成为污染的天堂。

术稀缺的问题，这种现实让各级政府非常重视招商引资工作，以至于忽视了环境保护问题，高能耗、高排放、高污染产业在各地都广泛存在。经过近 40 年的改革开放发展，资本技术稀缺问题也已经得到很大程度的缓解，社会各界也非常关注、重视环境保护问题。在这样的背景下政府应该采取如下措施：①布局新的产业项目时，无论是对外资还是内资，都要严格进行环境评估；②推进科技进步、经济转型、产业升级、节能改造，强化企业日常生产的环境监控；③对高污染、高能耗、高排放产业已具备条件走"严格控制增加新产能，逐步削减出口、进口替代国内生产"的路径。

能源强度的符号也是稳定的，同样，四种模型对应的系数也都是正向显著的。直观上的意义是，随着能源强度的下降，即单位产值能耗的下降，碳排放将下降。其背后隐含的意义是，随着人类经济社会的不断向前发展，科学技术的不断推进，经济活动整体效率将持续上升，这将对碳减排产生非常积极的意义。本书认为这才是环境库兹涅茨曲线背后推动环境改善的真相，不应该局限于讨论在什么水平上环境恶化将出现拐点，而应该思考如何促使技术进步带来的能源强度的下降的力量超过因经济规模活动扩张引发的环境恶化的力量，一旦前者的作用超过后者，环境将得到改善。这与具体的经济规模本身是没有关系的，要知道没有国家间科技进步步伐，那么经济类型是完全一致的，也不能指望在同样的经济发展水平上存在环境改善的拐点。

能源结构指标的系数为正向且显著，表明人均碳排放与能源结构两者是正向相关，能源结构的优化会引致碳排放的改善。对于能源结构指标本书以煤炭消费占化石能源消费百分比衡量。煤炭的碳排放系数是所有化石能源中最高的，近三十年来煤炭消费占比已有下降，但仍然占到 60% 多，即伴随着经济发展，能源消费也在增加，且煤炭能源消费也在持续增加，由此不难理解能源结构与人均碳排放之间存在的正向关系。化石能源中相对较为低碳的天然气消费占比一直非常低，能源结构优化并不明显。相信随着 2014 年 5 月我国和俄罗斯签署进口天然气协议，从 2018 年开始，俄罗斯将每年向中国提供 380 亿立方米的天然气，并且该数量在经过协商之后可以增加至 600 亿立方米，而 2012 年我国天然气总进口量为 425 亿立方米，这将极大优化化石能源消费结构。此外我国近年来风电、光伏发电产业迅猛发展，这也将优化化石能源在整个能源消费中的占比。

同样为正向的还有空间滞后项，只不过混合模型和空间固定模型系数是显著的，时间固定模型和时空固定模型系数不显著。正向的空间滞后项意味着碳排放存在伴随现象，即本省碳排放高，相邻省碳排放也高；本省碳排放低，相邻省碳排放也低。表明碳排放存在空间集群效应，这也正解释了我国近年来多次出现的跨省连片的雾霾现象。这种空间上的集群效应也意味着治理大气污染是一个系统工程，需要跨省的通力合作，不能仅靠一个省自身之力完成。

表 5.3　SEM 估计结果

| 参数类型 | 混合模型 | | 空间固定模型 | | 时间固定模型 | | 时空固定模型 | |
|---|---|---|---|---|---|---|---|---|
| | 参数值 | $p$ | 参数值 | $p$ | 参数值 | $p$ | 参数值 | $p$ |
| $P$ | −0.050 | 0.000 | −0.223 | 0.000 | 0.006 | 0.000 | −0.391 | 0.000 |
| UR | −0.322 | 0.000 | 0.063 | 0.076 | −0.001 | 0.972 | −0.029 | 0.165 |
| $Y$ | 0.525 | 0.000 | 1.246 | 0.000 | 1.009 | 0.000 | 0.946 | 0.000 |
| EI | 0.904 | 0.000 | 0.937 | 0.000 | 1.015 | 0.000 | 0.988 | 0.000 |
| TR | 0.155 | 0.000 | 0.035 | 0.000 | 0.009 | 0.004 | 0.000 | 0.989 |
| ES | 0.491 | 0.000 | 0.125 | 0.000 | 0.202 | 0.000 | 0.179 | 0.000 |
| IS | −0.317 | 0.000 | 0.003 | 0.923 | −0.019 | 0.112 | −0.040 | 0.060 |
| $R^2$ | 0.777 | | 0.992 | | 0.997 | | 0.998 | |

　　从表 5.3 的估计结果来看，也是人口密度（$P$）、城市化率（UR）、产业结构（IS）三个指标的系数符号不稳定。人均 GDP（$Y$）、能源强度（EI）、贸易开放度（TR）、能源结构（ES）四个指标的符号与表 5.2 结果一致，不再赘述。

　　综合对比表 5.2 和表 5.3 来看，SLM、SEM 两大类共八种模型中人口密度变量系数显著的有 7 种模型，其中系数为负值的有五种。人口密度的系数基本符合前述预期。我国人口密度高的地区主要是发展程度相对较好的中东部地区，而这些地区又是化石能源禀赋薄弱地区，化石能源丰富的山西、内蒙古、新疆、宁夏，经济发展相对滞后，能源工业、重工业在国民经济中比重较大，导致碳排放，尤其是人均碳排放高，人均碳排放与人口密度表现出明显的负向关系。

　　同样的关系还存在于人均碳排放与城市化水平之间。一般而言，经济发展好的区域城市化水平高，城市化水平高的区域人均碳排放呈现两种特点：①城市化带来人口聚集，随着城市规模的扩张，交通、生活能源消费量会上升，即会出现人均碳排放与城市化的正向相关关系；②城市化的发展，使得决策者甚至全社会都能达成共识：降低高能耗产业在地方经济中的比重，积极发展低碳循环经济、电力等清洁能源的生产基地外移，由此人均碳排放与城市化呈现负向相关关系。最终表现出的相关关系是两个特点合力作用的结果，而我国初期因为各地面临发展经济的压力较大、电力能源高效输送技术的制约，尽管化石能源生产分布非常不均衡，但各地都建有大型火力发电厂，所以第二特点表现出的也是正向相关关系。进入 21 世纪以来，北京、上海两地碳排放压力非常大，借举办奥运会、世博会的契机两地关停或向外转移一些高能耗的生产企业，也大力发展了高效率低能耗的轨道交通基础设施，极大缓解了碳排放的压力。

　　产业结构指标在 SLM、SEM 两大类共八种模型中有六种表现的是负向作用，且表现出正向作用时系数并未通过显著性检验。众所周知第二产业相较第一产业、第三产业而言能耗较高、能源效率较低，高耗能产业集中于第二产业中①。在本节中以第二产业占比来衡量产业结构，因此产业结构指标数值的增大，意味着第二产业比重的增加、碳排放总量的增加、人均碳排放量的提升。我国第二产业占比在 1996 年之前处于上升阶段，1997～2002 年由 47.54%下降为 44.79%，2002～2006年又上升到 47.95%，从 2006 年开始又逐步下降，较上一次下降速度要快、幅度要大，截至 2013 年下降到 43.89%。可以预期的是，随着我国经济发展水平的不断上升，建设"美丽中国"的不断推进，环保意识的不断增强，中国逐步由"世界工厂""中国制造"向"中国创造"过渡，我国第二产业比重将进一步降低，第三产业比重进一步提升，产业结构指标的未来发展趋势是下降的，对人均碳排放将起到显著的抑制作用。

## 5.4　本 章 小 结

本章研究选取我国的 30 个省份 1996～2010 年面板数据，基于空间面板 STIRPAT 模型分析了影响我国人均碳排放的因素。结果表明，我国省域碳排放在空间分布上具有明显的正向空间依赖关系，各省份间碳排放并非是相互独立的，即意味着存在明显的空间聚群效应；人均 GDP、对外贸易、能源强度、能源结构等指标与人均碳排放之间存在正向关系；人口密度、城市化率、产业结构三个指标尽管关系都不稳定，但八种模型中都更多表现出是抑制碳排放的作用。

基于以上结论，本章研究给出以下政策建议。

（1）充分认识到碳排放的空间聚群事实，在大气污染防治时，不同省份间要建立区域协作机制，寻求相互合作，注重政策措施的空间联动性。例如，建立京津冀、长三角等重点区域大气污染防治协作机制，协调解决区域突出环境问题。严格按照主体功能区规划要求来确定重点产业发展布局；严格限制在生态脆弱或环境敏感地区建设高能耗高污染项目。严格进行产业发展规划的环境影响评价；在不同地区实施差别化的产业政策，对京津冀、长三角、珠三角等生态薄弱区域提出更高的节能环保要求。

（2）稳步推进工业化、城市化，以工业化带动城市化，以城市化促进工业化。尽管我国城市化已经取得举世瞩目的成就，截至 2016 年我国户籍人口城市化率为 41.2%，常住人口城市化率为 57.35%，根据世界城市化发展的普遍规律，我国仍处于城市化率 30%～70%的快速发展区间，我国城市化还有巨大的空间可以挖掘。

① 《2010 年国民经济和社会发展统计报告》确认六大高耗能行业分别为：化学原料及化学制品制造业、非金属矿物制品业、黑色金属冶炼及压延加工业、有色金属冶炼及压延加工业、石油加工炼焦及核燃料加工业、电力热力的生产和供应业。

城市化有利于推动区域协调发展，城市化更是加快产业结构转型升级的重要抓手。截至 2016 年，我国服务业增加值占 GDP 比重仅为 51.6%，与发达国家的平均水平相距甚远，与中等收入国家的平均水平也有较大差距。城市化过程中的人口集聚、生活方式的变革、生活水平的提高，都会扩大生活性服务需求；生产要素的优化配置、三次产业的联动、社会分工的细化，也会扩大生产性服务需求。城市化、工业化的推进，必将提高资源配置效率、降低资源消耗，也必将有利于我国经济的持续健康发展，有利于"美丽中国"的建设。

（3）调整能源结构、产业结构，走可持续绿色低碳发展之路。尽管经济快速发展引致碳排放上升是不可避免的，但不能因减排的压力而将减排的措施放在通过抑制经济增长来实现。碳排放、环境恶化是发展中出现的问题，这一问题也应在经济发展的过程中来解决。为确保经济能够继续较快地健康增长，为保证就业的需要，应该调整能源结构，开发利用页岩气、煤层气，降低对煤炭、焦炭等高排放能源的依赖，增加对天然气低排放化石能源、风电、光伏发电、核电等清洁能源的消费比重。

（4）优化对外贸易结构，扩大进口规模，推动"走出去"战略。大力发展新兴出口产业，推动战略性新兴产业国际化，提升服务贸易比重，优化出口产业和商品结构。鼓励企业自主创新，推动传统产业升级，扩大技术和资金密集型、高附加值产品出口。逐步控制高耗能、高污染和资源性产品出口。支持企业"走出去"参与境外产能合作，鼓励在境外开展高耗能、高排放产品的生产加工。

# 第6章  省域工业行业碳排放分解研究

气候变化是当今人类社会面临的重大问题，积极应对气候变化，走低碳发展道路，已经成为国际社会的广泛共识。中国高度重视气候变化问题，党的十八大报告提出，面对资源约束趋紧、环境污染严重、生态退化的严峻形势，必须树立尊重自然、顺应自然、保护自然的生态文明理念，把生态文明建设放在突出地位，融入经济建设、政治建设、文化建设、社会建设各方面和全过程。2014年中央政府工作报告更是提出出重拳强化污染防治，坚决向污染宣战。

另外我国工业快速发展，2013年工业增加值占GDP的37%，工业是国民经济的重要组成部分，是推动经济增长的主要动力。工业也是我国能源消耗及温室气体排放的主要领域，2012年，工业能源消耗达到25.2亿吨标准煤，占全社会总能源消耗的69.6%，占全国化石能源燃烧排放二氧化碳的69%左右。工业是应对气候变化的重要领域，控制工业领域温室气体排放，发展绿色低碳工业，既是我国应对气候变化的必然要求，也是中国工业可持续发展的必然选择。

当前对工业碳排放分解研究的学者比较多，如王伟林和黄贤金（2008）、朱勤等（2009）、赵欣和龙如银（2010）、董军和张旭（2010）、陈诗一等（2010）、李志强和王宝山（2010）、郭朝先（2010）、孙宁（2011）、潘雄锋等（2011）、仲云云和仲伟周（2012）、孙作人等（2012）、顾成军和龚新蜀（2012）、佟新华（2012）、孟彦菊等（2013）、吴振信等（2014）。

综合来看目前相关研究存在以下不足：①以国家层面分行业研究居多，而研究省域工业行业的文献相对不足；②文献对能源种类表述不统一，一般只统计煤、石油、天然气三种，分析结论难免有失公允；③文献分析周期跨度较大，而我国统计标准又有较大调整，故文献对相关数据都进行各种合并归类处理。本章将分析范畴界定在省域工业行业上，且不对统计数据做主观处理，相信结论更为客观。

## 6.1  LMDI 乘法分解

### 6.1.1  LMDI 乘法分解模型

本部分借用王锋等（2010）所采用的LMDI乘法式分解方法对省域工业化石

能源消耗产生的二氧化碳进行分解。

　　针对省域碳排放，本部分从 27 个工业行业（$i = 1, 2, \cdots, 27$，原因在 6.1.2 节中说明）、7 种一次能源（$j = 1, 2, \cdots, 7$，代表煤炭、焦炭、燃料油、汽油、煤油、柴油、天然气）、两个维度分解。由此，可将省域工业化石能源碳排放用模型表述为如下形式：

$$C = \sum_{i=1}^{27} \sum_{j=1}^{7} C_{ij} = \sum_{i=1}^{27} \sum_{j=1}^{7} \frac{C_{ij}}{E_{ij}} \cdot \frac{E_{ij}}{E_i} \cdot \frac{E_i}{\mathrm{TOV}_i} \cdot \frac{\mathrm{TOV}_i}{\mathrm{TOV}} \cdot \mathrm{TOV}$$

$$= \sum_{i=1}^{27} \sum_{j=1}^{7} \mathrm{EC}_{ij} \cdot \mathrm{EE}_{ij} \cdot \mathrm{TE}_i \cdot \mathrm{TT}_i \cdot \mathrm{TV} \qquad (6.1)$$

式中，$C$ 表示化石能源碳排放量；$E$ 表示能源消费量；TOV 表示工业产值；EC 表示能源碳排放系数；EE 表示某类能源消费比重；TE 表示能源强度，即工业行业单位产出的标准煤计量的能耗；TT 表示某行业产值比重；TV 表示工业全部行业的总产值。

　　对式（6.1）两边取关于时间的导数，可得碳排放量的瞬时增长率：

$$\frac{\mathrm{d}C}{\mathrm{d}t} = \sum_{i=1}^{27} \sum_{j=1}^{7} \frac{\mathrm{dEC}_{ij}}{\mathrm{d}t} \cdot \mathrm{EE}_{ij} \cdot \mathrm{TE}_i \cdot \mathrm{TT}_i \cdot \mathrm{TV} + \sum_{i=1}^{27} \sum_{j=1}^{7} \mathrm{EC}_{ij} \cdot \frac{\mathrm{dEE}_{ij}}{\mathrm{d}t} \cdot \mathrm{TE}_i \cdot \mathrm{TT}_i \cdot \mathrm{TV}$$

$$+ \sum_{i=1}^{27} \sum_{j=1}^{7} \mathrm{EC}_{ij} \cdot \mathrm{EE}_{ij} \cdot \frac{\mathrm{dTE}_i}{\mathrm{d}t} \cdot \mathrm{TT}_i \cdot \mathrm{TV} + \sum_{i=1}^{27} \sum_{j=1}^{7} \mathrm{EC}_{ij} \cdot \mathrm{EE}_{ij} \cdot \mathrm{TE}_i \cdot \frac{\mathrm{dTT}_i}{\mathrm{d}t} \cdot \mathrm{TV}$$

$$+ \sum_{i=1}^{27} \sum_{j=1}^{7} \mathrm{EC}_{ij} \cdot \mathrm{EE}_{ij} \cdot \mathrm{TE}_i \cdot \mathrm{TT}_i \cdot \frac{\mathrm{dTV}}{\mathrm{d}t} \qquad (6.2)$$

　　继续对式（6.2）两边分别除以 $C$，可得到：

$$\frac{1}{C} \frac{\mathrm{d}C}{\mathrm{d}t} = \sum_{i=1}^{27} \sum_{j=1}^{7} \frac{1}{\mathrm{EC}_{ij}} \cdot \frac{\mathrm{dEC}_{ij}}{\mathrm{d}t} \cdot \frac{\mathrm{EC}_{ij}}{C} \cdot \mathrm{EE}_{ij} \cdot \mathrm{TE}_i \cdot \mathrm{TT}_i \cdot \mathrm{TV}$$

$$+ \sum_{i=1}^{27} \sum_{j=1}^{7} \mathrm{EC}_{ij} \cdot \frac{1}{\mathrm{EE}_{ij}} \cdot \frac{\mathrm{dEE}_{ij}}{\mathrm{d}t} \cdot \frac{\mathrm{EE}_{ij}}{C} \cdot \mathrm{TE}_i \cdot \mathrm{TT}_i \cdot \mathrm{TV}$$

$$+ \sum_{i=1}^{27} \sum_{j=1}^{7} \mathrm{EC}_{ij} \cdot \mathrm{EE}_{ij} \cdot \frac{1}{\mathrm{TE}_i} \cdot \frac{\mathrm{dTE}_i}{\mathrm{d}t} \cdot \frac{\mathrm{TE}_i}{C} \cdot \mathrm{TT}_i \cdot \mathrm{TV}$$

$$+ \sum_{i=1}^{27} \sum_{j=1}^{7} \mathrm{EC}_{ij} \cdot \mathrm{EE}_{ij} \cdot \mathrm{TE}_i \cdot \frac{1}{\mathrm{TT}_i} \cdot \frac{\mathrm{dTT}_i}{\mathrm{d}t} \cdot \frac{\mathrm{TT}_i}{C} \cdot \mathrm{TV}$$

$$+ \sum_{i=1}^{27} \sum_{j=1}^{7} \mathrm{EC}_{ij} \cdot \mathrm{EE}_{ij} \cdot \mathrm{TE}_i \cdot \mathrm{TT}_i \cdot \frac{1}{\mathrm{TV}} \cdot \frac{\mathrm{dTV}}{\mathrm{d}t} \cdot \frac{\mathrm{TV}}{C} \qquad (6.3)$$

　　对式（6.1）两端同除以 $C$，且定义 $W_{ij} = C_{ij}/C$，代入式（6.3）中，并继续对式（6.3）积分有

$$\int_0^T \frac{\mathrm{d} \ln C}{\mathrm{d}t} \mathrm{d}t$$

$$= \sum_{i=1}^{27} \sum_{j=1}^{7} \int_0^T W_{ij} \left( \frac{\mathrm{d} \ln \mathrm{EC}_{ij}}{\mathrm{d}t} + \frac{\mathrm{d} \ln \mathrm{EE}_{ij}}{\mathrm{d}t} + \frac{\mathrm{d} \ln \mathrm{TE}_i}{\mathrm{d}t} + \frac{\mathrm{d} \ln \mathrm{TT}_i}{\mathrm{d}t} + \frac{\mathrm{d} \ln \mathrm{TV}}{\mathrm{d}t} \right) \mathrm{d}t \quad (6.4)$$

根据定积分中值定理，可以改写成：

$$\frac{C_T}{C_0} = \exp\left[ \sum_{i=1}^{27} \sum_{j=1}^{7} W_{ij}(t^*) \ln \frac{\mathrm{EC}_{ij,T}}{\mathrm{EC}_{ij,0}} \right] \cdot \exp\left[ \sum_{i=1}^{27} \sum_{j=1}^{7} W_{ij}(t^*) \ln \frac{\mathrm{EE}_{ij,T}}{\mathrm{EE}_{ij,0}} \right]$$

$$\cdot \exp\left[ \sum_{i=1}^{27} \sum_{j=1}^{7} W_{ij}(t^*) \ln \frac{\mathrm{TE}_{ij,T}}{\mathrm{TE}_{ij,0}} \right] \cdot \exp\left[ \sum_{i=1}^{27} \sum_{j=1}^{7} W_{ij}(t^*) \ln \frac{\mathrm{TT}_{ij,T}}{\mathrm{TT}_{ij,0}} \right]$$

$$\cdot \exp\left[ \sum_{i=1}^{27} \sum_{j=1}^{7} W_{ij}(t^*) \ln \frac{\mathrm{TV}_{ij,T}}{\mathrm{TV}_{ij,0}} \right] \quad (6.5)$$

式（6.5）中的 $W_{ij}(t^*)$ 是上面定义的权重函数 $W_{ij}(t) = C_{ij} / C$ 在时刻 $t^*$ 时的函数值，$t^* \in (0,T)$。

计算 $W_{ij}(t^*)$ 的一个有效方法是运用对数平均函数。该函数由 Ang 和 Choi（1997）引入迪氏分解中。对数平均函数定义为

$$L(x,y) = \begin{cases} (x-y)/(\ln x - \ln y), & x \neq y \\ x, & x = y \\ 0, & x = y = 0 \end{cases} \quad (6.6)$$

根据对数平均函数的定义，权重函数值可写成：

$$W_{ij}(t^*) = \frac{L(C_{ij,T}, C_{ij,0})}{L(C_T, C_0)} \quad (6.7)$$

这样可进一步将式（6.5）简写为

$$G(\mathrm{CO_2}) = C(\mathrm{EC}) \cdot C(\mathrm{EE}) \cdot C(\mathrm{TE}) \cdot C(\mathrm{TT}) \cdot C(\mathrm{TV}) \quad (6.8)$$

式（6.8）含义是：工业化石能源碳排放的增长可以分解为对应的五种因素贡献，其中 $G(\mathrm{CO_2})$ 表示碳排放的增长指数，$C(\cdot)$ 表示各个因素的贡献，依次是：碳排放系数指数、能源结构指数、能源强度指数、工业结构指数、工业规模指数。

以上方法是针对工业全部行业的整体分析，对于工业行业内部的纵向分析，可做类似分解：

$$C^i = \sum_{j=1}^{7} C_j^i = \sum_{j=1}^{7} \frac{C_j^i}{E_j^i} \cdot \frac{E_j^i}{E^i} \cdot \frac{E^i}{\mathrm{TOV}^i} \cdot \mathrm{TOV}^i$$

$$= \sum_{j=1}^{7} \mathrm{EC}_j^i \cdot \mathrm{EE}_j^i \cdot \mathrm{TE}^i \cdot \mathrm{TV}^i \quad (6.9)$$

做相似处理有

$$\frac{C_T^i}{C_0^i} = \exp\left[\sum_{j=1}^{7} W_j^i(t^*) \ln \frac{\mathrm{EC}_{j,T}^i}{\mathrm{EC}_{j,0}^i}\right] \cdot \exp\left[\sum_{j=1}^{7} W_j^i(t^*) \ln \frac{\mathrm{EE}_{j,T}^i}{\mathrm{EE}_{j,0}^i}\right]$$

$$\cdot \exp\left[\sum_{j=1}^{7} W_j^i(t^*) \ln \frac{\mathrm{TE}_T^i}{\mathrm{TE}_0^i}\right] \cdot \exp\left[\sum_{j=1}^{7} W_j^i(t^*) \ln \frac{\mathrm{TV}_T^i}{\mathrm{TV}_0^i}\right] \tag{6.10}$$

$$W_j^i(t^*) = \frac{L(C_{ij,T}, C_{ij,0})}{L(C_T^i, C_0^i)} \tag{6.11}$$

式（6.9）～式（6.11）中上角标 $i$ 表示行业，其他符号含义同前文。

将式（6.10）简写为

$$G^i(\mathrm{CO_2}) = C^i(\mathrm{EC}) \cdot C^i(\mathrm{EE}) \cdot C^i(\mathrm{TE}) \cdot C^i(\mathrm{TV}) \tag{6.12}$$

式（6.12）表示，将行业的化石能源碳排放指数依次分解为：碳排放系数指数、能源结构指数、能源强度指数、工业规模指数。

还需要说明的是，因为计算二氧化碳排放时，各种能源的碳排放系数是固定不变的，因而碳排放系数指数始终为 1，两种分解最终分解出来的因子分别是 4 项和 3 项。

## 6.1.2　数据来源

我国自 1984 年发布《国民经济行业分类》国家标准，并分别于 1994 年、2002 年以及 2011 年进行了三次修订。根据国家统计局相关通知（国统字[2002]44 号、国统字[2011]69 号），《国民经济行业分类标准》（GB/T 4754—2002）自 2003 年开始执行，《国民经济行业分类》（GB/T 4754—2011）自 2012 年开始执行。GB/T 4754—1994、GB/T 4754—2002 以及 GB/T 4754—2011 对于工业行业的分类差别较大。尽管三个国标均将工业行业分为 3 个大类（采矿业，制造业，电力、燃气及水的生产和供应业），但 GB/T 4754—1994 分为 40 个中类和 197 个小类，GB/T 4754—2002 分为 39 个中类和 191 个小类，GB/T 4754—2011 分为 41 个中类和 201 个小类。

考虑到数据统计口径的一致性、研究对现实的指导意义等原因，本章将研究周期设置为 2003～2011 年。

其中工业分省分行业的总产值数值只能收集到 27 个中类，不包含：B11 其他采矿业、C19 皮革、毛皮、羽毛（绒）及其制品业、C20 木材加工及木、竹、藤、棕、草制品业、C21 家具制造业、C23 印刷业和记录媒介的复制、C24 文教体育用品制造业、C29 橡胶制品业、C30 塑料制品业、C42 工艺品及其他制造业、C43 废弃资源和废旧材料回收加工业、D45 燃气生产和供应业、D46 水的生产和供应业等 12 个中类。故此，来自相应省份统计年鉴的工业分省分行业能源消费数据也做相同的调整。

本书从能源禀赋、经济发展水平差异角度考虑，选择三个省份作为代表：山西（化石、火电能源输出），云南（化石能源匮乏、水电能源输出），北京（经济发达、能源输入），另外为和相关省份对比，本书也将全国作为一个单元纳入分析。

鉴于工业行业出厂价格指数的统计资料起始于 2002 年，又本书的能源消费数据始于 2003 年，故此本章研究将价格基准界定于 2003 年，将其他年份的行业产值换算为以 2003 年价格计算的总产值进行分析。

## 6.2　省域工业行业碳排放整体分解和行业分解

### 6.2.1　省域工业整体分解

为了动态了解碳排放的变化以及各个因素的影响效果，本书将时间间隔界定为一年和 2003～2011 年两种情况，结果如表 6.1 所示。

表 6.1　京晋滇三省及全国工业化石能源碳排放分解

| 地区 | 年份 | 能源结构指数 | 能源强度指数 | 工业结构指数 | 工业规模指数 | 总指数 |
|---|---|---|---|---|---|---|
| 北京 | 2003～2004 | 1.0000 | 1.0000 | 1.0000 | 1.0000 | 1.0000 |
| | 2004～2005 | 1.0173 | 1.1786 | 0.9112 | 1.1055 | 1.2078 |
| | 2005～2006 | 1.0000 | 1.0000 | 1.0000 | 1.0000 | 1.0000 |
| | 2006～2007 | 1.0000 | 1.0000 | 1.0000 | 1.0000 | 1.0000 |
| | 2007～2008 | 1.0000 | 1.0000 | 1.0000 | 1.0000 | 1.0000 |
| | 2008～2009 | 1.0000 | 1.0000 | 1.0000 | 1.0000 | 1.0000 |
| | 2009～2010 | 0.9190 | 0.7767 | 1.1173 | 1.0506 | 0.8379 |
| | 2010～2011 | 0.9928 | 0.7908 | 1.0103 | 1.0083 | 0.7998 |
| | 2003～2011 | 0.8104 | 0.2234 | 1.9858 | 1.4017 | 0.5039 |
| 山西 | 2003～2004 | 0.9982 | 0.6770 | 1.0722 | 1.2841 | 0.9304 |
| | 2004～2005 | 0.9985 | 0.9910 | 0.9803 | 1.1237 | 1.0900 |
| | 2005～2006 | 1.0008 | 1.0375 | 0.9374 | 1.1200 | 1.0901 |
| | 2006～2007 | 0.9998 | 0.8578 | 1.0025 | 1.1941 | 1.0266 |
| | 2007～2008 | 1.0001 | 0.8443 | 1.0446 | 1.0652 | 0.9395 |
| | 2008～2009 | 1.0004 | 1.0306 | 0.9547 | 0.9855 | 0.9700 |
| | 2009～2010 | 0.8669 | 1.6152 | 0.9703 | 1.1050 | 1.5013 |
| | 2010～2011 | 1.1732 | 0.5773 | 0.9797 | 1.0726 | 0.7117 |
| | 2003～2011 | 0.9983 | 0.4783 | 0.8675 | 2.6445 | 1.0955 |

| 地区 | 年份 | 能源结构指数 | 能源强度指数 | 工业结构指数 | 工业规模指数 | 总指数 |
|------|------|------------|------------|------------|------------|--------|
| 云南 | 2003~2004 | 1.0000 | 1.0000 | 1.0000 | 1.0000 | 1.0000 |
|      | 2004~2005 | 1.0000 | 1.0000 | 1.0000 | 1.0000 | 1.0000 |
|      | 2005~2006 | 1.0000 | 1.0000 | 1.0000 | 1.0000 | 1.0000 |
|      | 2006~2007 | 1.0000 | 1.0000 | 1.0000 | 1.0000 | 1.0000 |
|      | 2007~2008 | 0.9986 | 0.8200 | 1.1110 | 1.0929 | 0.9942 |
|      | 2008~2009 | 0.9993 | 0.9839 | 0.9865 | 1.0639 | 1.0319 |
|      | 2009~2010 | 0.9975 | 0.8675 | 1.0467 | 1.1089 | 1.0044 |
|      | 2010~2011 | 0.9966 | 0.9225 | 1.0124 | 1.0849 | 1.0098 |
|      | 2003~2011 | 0.9995 | 0.4343 | 1.4836 | 2.4194 | 1.5580 |
| 全国 | 2003~2004 | 1.0000 | 1.0000 | 1.0000 | 1.0000 | 1.0000 |
|      | 2004~2005 | 1.0000 | 1.0000 | 1.0000 | 1.0000 | 1.0000 |
|      | 2005~2006 | 1.0000 | 1.0000 | 1.0000 | 1.0000 | 1.0000 |
|      | 2006~2007 | 1.0000 | 1.0000 | 1.0000 | 1.0000 | 1.0000 |
|      | 2007~2008 | 1.0000 | 1.0000 | 1.0000 | 1.0000 | 1.0000 |
|      | 2008~2009 | 1.0853 | 0.5902 | 1.0128 | 1.1220 | 0.7280 |
|      | 2009~2010 | 1.0025 | 0.8675 | 0.9669 | 1.2067 | 1.0147 |
|      | 2010~2011 | 0.9985 | 0.9391 | 0.9955 | 1.1386 | 1.0628 |
|      | 2003~2011 | 1.0662 | 0.3273 | 0.9295 | 3.7681 | 1.2224 |

由表 6.1 的年度分解结果看，北京碳排放整体较为稳定（2004~2005 年度出现较大幅度上升是因为未能收集到北京市 2004 年分行业能源消费数据，计算时以 2003 年数据做替代，所以较为科学的分析应该是从 2005~2006 年度开始），2009 年之后排放量开始下降。下降的主要贡献在于能源强度和能源结构，而工业结构、工业规模两因素仍旧拉升碳排放。表明整体上北京市能源结构在优化，单位产值的能耗在下降，尽管工业规模继续增加、工业结构优化不理想，但总体碳排放在好转。

山西省碳排放波动频繁，2004~2007 年增加，2007~2009 年下降，2009~2010 年增加，2010~2011 年下降。四个因素中工业规模因素的作用整体处于下降态势，八个年度中，工业结构指数有五个年度是积极作用的，能源结构指数相对较为稳定，能源强度指数波动较大。

云南省碳排放以及全国碳排放都比较平稳。云南省能源结构、能源强度两因素都推动碳排放下降，工业规模、工业结构因素拉高碳排放。就全国而言，能源强度和工业结构两因素改善碳排放，工业规模推动碳排放增加。

由表 6.1 所示，2003~2011 年累计年度分解结果看，只有北京的碳排放下降，降幅约 49.6%，山西上升约 17.7%，云南上升约 55.8%，全国上升约 22.2%。四个影响因素中，四个分析单元的能源强度指数均小于 1[①]，表明各地域的能源利用效率在不断提高，技术进步效果明显，能源强度得到优化；工业规模指数均大于 1[②]，北京明显较小，表明北京在工业规模控制方面做了大量的工作；能源结构指数方面，北京为 0.8104，降幅明显，山西、云南降幅不明显，全国为 1.0662，略有恶化，表明北京在能源结构优化方面走在前列；工业结构指数方面，山西、全国下降，北京、云南上升。

## 6.2.2　省域工业行业分解

如图 6.1 所示，研究的 27 个工业行业中北京有 19 个行业的工业规模影响指数扩大，其中 15 个倍增，电力、热力的生产和供应业的碳排放规模指数甚至高达 16.40。下降的只有化学原料及化学制品制造业、黑色金属冶炼及压延加工业。能源强度指数方面只有三个行业增加，最大也只有 2.26（石油加工、炼焦及核燃料加工业），6 个行业维持不变。能源结构指数方面三个行业增加（最高为石油加工、炼焦及核燃料加工业 1.28），五个行业不变，黑色金属冶炼及压延加工业指数低至 0.12。2003～2011 年全部行业中碳排放增加的有 11 个行业，最高为石油加工、炼焦及核燃料加工业，2011 年排放为 2003 年的 4.65 倍，第二、三依次是黑色金属

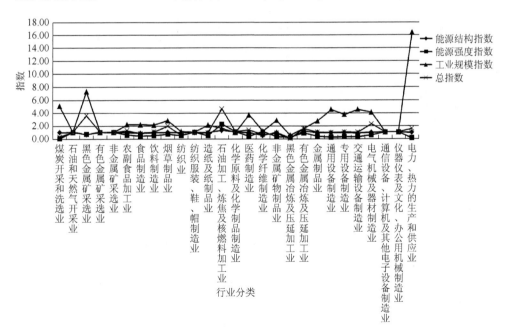

图 6.1　2003～2011 年北京市工业行业碳排放分解

① 2003～2011 年累计年度分解结果。
② 2003～2011 年累计年度分解结果。

矿采选业 3.62 倍、电气机械及器材制造业 2.25 倍；碳排放下降的有 10 个行业，黑色金属冶炼及压延加工业下降 99%，煤炭开采和洗选业下降 68%，纺织业下降 42%。

　　如图 6.2 所示，2003～2011 年山西能源结构指数影响不大，27 个行业中 25个行业指数波动小于 10%，22 个行业波动小于 5%，有色金属矿采选业为 1.51、非金属矿采选业为 1.61；只有有色金属冶炼及压延加工业能源结构指数放大为1.23，23 个行业缩小，降低 90% 以上的有 7 个行业；工业规模指数方面只有化学纤维制造业下降为 0.17，三个行业不变，23 个行业上升，通信设备、计算机及其他电子设备制造业指数高达 23.61，18 个行业指数倍增；整体上看 13 个行业碳排放下降，其中化学纤维制造业碳排放下降 98%，仪器仪表及文化、办公用机械制造业下降 89%，13 个行业碳排放上升，5 个行业排放量翻番，其中黑色金属矿采选业为 3.35 倍。

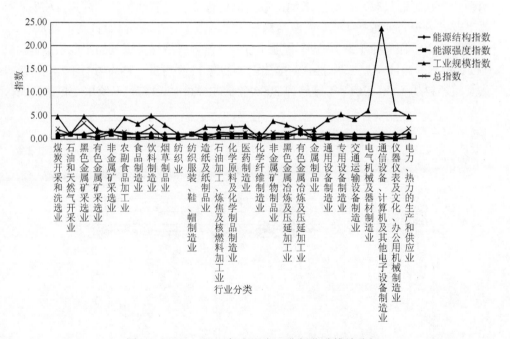

图 6.2　2003～2011 年山西省工业行业碳排放分解

　　如图 6.3 所示，云南省能源结构指数影响较弱，23 个行业的波动在 10% 以内，影响最大的通用设备制造业结构影响指数也只有 1.20；能源强度和工业规模两个因素的影响差别很大，能源强度指数方面 3 个行业拉升，其中仪器仪表及文化、办公用机械制造业高达 23.94，造纸及纸制品业为 1.10，通信设备、计算机及其他电子设备制造业为 1.02，21 个行业下降，降幅超过 90%的有石油加工、炼焦及核燃料加工业，电气机械及器材制造业两个行业；工业规模指数方面没有抑制作用，24 个行业拉升且均翻番，石油加工、炼焦及核燃料加工业达 22.33，黑色金属矿采选业达 18.88；整体上看 5 个行业排放下降，21 个行业排放增加，其中 14 个行业排放倍增，仪器仪表及文化、办公用机械制造业的排放高达 58.25。

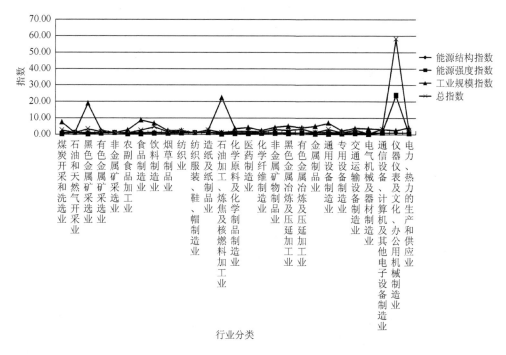

图 6.3　2003～2011 年云南省工业行业碳排放分解

　　如图 6.4 所示，就全国而言，三个因素中能源结构指数影响最弱，最低为烟草制品业 0.95，最高为化学原料及化学制品制造业 1.21；能源强度指数的影响均为拉低排放，通信设备、计算机及其他电子设备制造业为 0.06，最高的黑色金属冶炼及压延加工业为 0.61，表明技术进步作用明显；全部 27 个行业的工业规模指数均大于 1，其中 26 个大于 2，黑色金属矿采选业达 9.76；三个因素总作用使得 12 个行业碳排放下降，11 个行业碳排放不超过 2 倍，最高的煤炭开采和洗选业只有 2.83 倍。

　　综合四个分析单元的行业排放纵向分析结果来看，在 108 个行业次数分析中，除云南省仪器仪表及文化、办公用机械制造业，北京市石油加工、炼焦及核燃料加工业，山西省有色金属冶炼及压延加工业等七个行业次数，能源强度没有推动碳排放增加；工业规模则只有 3 个行业次数抑制了排放增加；能源结构方面抑制和推动作用的行业次数分别为 42 和 47，表明整体作用方向不明显。

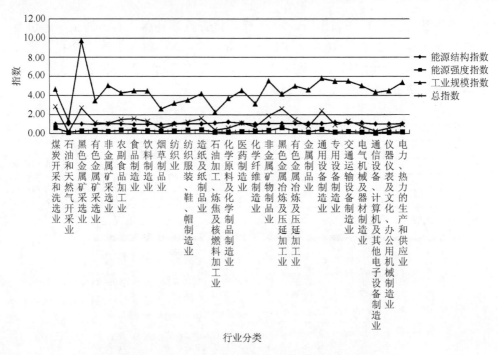

图 6.4　2003～2011 年全国工业行业碳排放分解

## 6.3　再论促进碳减排的影响因素

### 6.3.1　能源结构的影响

　　由煤炭、焦炭占比表（表 6.2）和占比变化表（表 6.3）可以看出，2003～2011 年只有 19 个省份的煤炭焦炭消费占比下降，降幅超过 5 个百分点的只有北京（30.79%）、海南（12.5%）、上海（12.33%）、四川（7.97%）、辽宁（5.91%）以及山东（5.28%），上涨的有 11 个省份，涨幅超过 5 个百分点的有新疆（9.21%）、广东（7.54%）以及黑龙江（5.34%）。就全国而言消费占比下降 1.24 个百分点。山西、云南两省分别下降 3.18、2.29 个百分点，因此工业行业整体分析的四个单元中只有北京的能源结构因素抑制碳排放，山西、云南及全国则作用不明显。

表 6.2　30 个省份及全国煤炭、焦炭消费占比（%）

| 地区 | 2003 | 2004 | 2005 | 2006 | 2007 | 2008 | 2009 | 2010 | 2011 |
|------|------|------|------|------|------|------|------|------|------|
| 北京 | 70.38 | 67.79 | 65.63 | 60.86 | 57.31 | 50.51 | 47.07 | 45.01 | 39.59 |
| 天津 | 77.01 | 77.87 | 78.47 | 78.78 | 78.88 | 77.55 | 77.24 | 75.41 | 75.42 |
| 河北 | 95.02 | 95.22 | 94.17 | 94.41 | 94.24 | 94.26 | 94.43 | 93.63 | 93.32 |

| 地区 | 2003 | 2004 | 2005 | 2006 | 2007 | 2008 | 2009 | 2010 | 2011 |
|---|---|---|---|---|---|---|---|---|---|
| 山西 | 97.82 | 97.59 | 97.30 | 97.14 | 96.09 | 95.09 | 94.27 | 94.26 | 94.64 |
| 内蒙古 | 93.88 | 92.35 | 91.81 | 90.98 | 90.24 | 90.44 | 89.82 | 89.69 | 91.65 |
| 辽宁 | 87.02 | 87.57 | 85.85 | 85.83 | 85.42 | 84.03 | 84.79 | 83.13 | 81.11 |
| 吉林 | 91.30 | 90.82 | 86.92 | 86.81 | 87.85 | 87.96 | 87.48 | 86.89 | 87.88 |
| 黑龙江 | 76.60 | 78.13 | 80.22 | 80.52 | 80.49 | 83.96 | 82.48 | 82.05 | 81.94 |
| 上海 | 69.78 | 66.30 | 63.77 | 60.55 | 59.52 | 59.55 | 57.39 | 57.60 | 57.45 |
| 江苏 | 85.02 | 84.95 | 87.41 | 86.93 | 86.48 | 84.94 | 85.11 | 84.90 | 85.44 |
| 浙江 | 76.80 | 77.43 | 75.98 | 77.83 | 78.97 | 78.76 | 77.96 | 76.13 | 75.50 |
| 安徽 | 92.89 | 93.29 | 92.91 | 92.46 | 92.43 | 92.06 | 92.03 | 91.58 | 90.67 |
| 福建 | 76.32 | 76.06 | 77.00 | 77.99 | 77.88 | 79.59 | 80.15 | 74.30 | 75.96 |
| 江西 | 82.78 | 87.35 | 85.44 | 86.09 | 87.88 | 87.55 | 87.96 | 85.79 | 85.67 |
| 山东 | 88.03 | 88.90 | 86.67 | 87.00 | 88.37 | 87.96 | 87.23 | 83.61 | 82.75 |
| 河南 | 91.75 | 91.06 | 91.75 | 92.02 | 92.11 | 91.71 | 91.81 | 91.22 | 90.42 |
| 湖北 | 83.44 | 84.43 | 82.26 | 82.09 | 80.28 | 78.52 | 78.45 | 83.80 | 84.45 |
| 湖南 | 87.89 | 88.02 | 88.53 | 87.95 | 87.55 | 88.27 | 87.21 | 86.56 | 86.33 |
| 广东 | 60.20 | 58.97 | 57.39 | 59.00 | 60.58 | 62.19 | 60.16 | 66.20 | 67.74 |
| 广西 | 79.42 | 80.64 | 80.17 | 80.89 | 82.41 | 81.83 | 82.02 | 82.44 | 82.92 |
| 海南 | 46.40 | 39.16 | 32.97 | 30.85 | 34.41 | 33.11 | 35.52 | 35.26 | 33.90 |
| 重庆 | 77.47 | 74.16 | 75.98 | 75.51 | 78.30 | 77.03 | 78.08 | 76.80 | 76.33 |
| 四川 | 77.16 | 77.81 | 75.49 | 73.93 | 75.30 | 75.13 | 74.17 | 69.25 | 69.19 |
| 贵州 | 93.92 | 94.58 | 94.19 | 94.26 | 93.23 | 92.35 | 93.01 | 92.25 | 92.23 |
| 云南 | 87.61 | 88.91 | 89.17 | 89.10 | 88.02 | 87.45 | 87.90 | 85.95 | 85.32 |
| 陕西 | 79.65 | 78.03 | 84.16 | 83.95 | 81.68 | 80.04 | 80.81 | 82.22 | 83.09 |
| 甘肃 | 86.14 | 87.21 | 87.22 | 87.08 | 88.28 | 88.45 | 87.40 | 87.81 | 88.81 |
| 青海 | 65.86 | 63.60 | 60.26 | 66.66 | 75.98 | 70.66 | 69.56 | 68.65 | 66.52 |
| 宁夏 | 89.22 | 89.12 | 91.49 | 91.21 | 91.39 | 91.00 | 91.48 | 90.46 | 92.46 |
| 新疆 | 69.65 | 68.96 | 67.51 | 67.84 | 68.59 | 72.73 | 77.95 | 77.54 | 78.86 |
| 全国 | 84.69 | 84.71 | 84.46 | 84.47 | 84.48 | 84.15 | 83.83 | 83.22 | 83.45 |

表 6.3　30 个省份及全国煤炭、焦炭消费占比变化（%）

| 地区 | 2004 | 2005 | 2006 | 2007 | 2008 | 2009 | 2010 | 2011 | 2003～2011 |
|---|---|---|---|---|---|---|---|---|---|
| 北京 | −2.59 | −2.16 | −4.77 | −3.55 | −6.80 | −3.44 | −2.06 | −5.42 | −30.78 |
| 天津 | 0.86 | 0.60 | 0.31 | 0.10 | −1.33 | −0.31 | −1.83 | 0.01 | −1.59 |

续表

| 地区 | 2004 | 2005 | 2006 | 2007 | 2008 | 2009 | 2010 | 2011 | 2003~2011 |
|---|---|---|---|---|---|---|---|---|---|
| 河北 | 0.20 | −1.05 | 0.24 | −0.17 | 0.02 | 0.17 | −0.80 | −0.31 | −1.70 |
| 山西 | −0.23 | −0.29 | −0.16 | −1.05 | −1 | −0.82 | −0.01 | 0.38 | −3.18 |
| 内蒙古 | −1.53 | −0.54 | −0.83 | −0.74 | 0.20 | −0.62 | −0.13 | 1.96 | −2.23 |
| 辽宁 | 0.55 | −1.72 | −0.02 | −0.41 | −1.39 | 0.76 | −1.66 | −2.02 | −5.91 |
| 吉林 | −0.48 | −3.90 | −0.11 | 1.04 | 0.11 | −0.48 | −0.59 | 0.99 | −3.42 |
| 黑龙江 | 1.52 | 2.09 | 0.30 | −0.03 | 3.47 | −1.48 | −0.43 | −0.11 | 5.34 |
| 上海 | −3.48 | −2.53 | −3.22 | −1.03 | 0.03 | −2.16 | 0.21 | −0.15 | −12.33 |
| 江苏 | −0.07 | 2.46 | −0.48 | −0.45 | −1.54 | 0.17 | −0.21 | 0.54 | 0.42 |
| 浙江 | 0.63 | −1.45 | 1.85 | 1.14 | −0.21 | −0.80 | −1.83 | −0.63 | −1.30 |
| 安徽 | 0.40 | −0.38 | −0.45 | −0.03 | −0.37 | −0.03 | −0.45 | −0.91 | −2.22 |
| 福建 | −0.26 | 0.94 | 0.99 | −0.11 | 1.71 | 0.56 | −5.85 | 1.66 | −0.36 |
| 江西 | 4.57 | −1.91 | 0.65 | 1.79 | −0.33 | 0.41 | −2.17 | −0.12 | 2.89 |
| 山东 | 0.87 | −2.23 | 0.33 | 1.37 | −0.41 | −0.73 | −3.62 | −0.86 | −5.28 |
| 河南 | −0.69 | 0.69 | 0.27 | 0.09 | −0.40 | 0.10 | −0.59 | −0.80 | −1.33 |
| 湖北 | 0.99 | −2.17 | −0.17 | −1.81 | −1.76 | −0.07 | 5.35 | 0.65 | 1.01 |
| 湖南 | 0.13 | 0.51 | −0.58 | −0.40 | 0.72 | −1.06 | −0.65 | −0.23 | −1.56 |
| 广东 | −1.23 | −1.58 | 1.61 | 1.58 | 1.61 | −2.03 | 6.04 | 1.54 | 7.54 |
| 广西 | 1.22 | −0.47 | 0.72 | 1.52 | −0.58 | 0.19 | 0.42 | 0.48 | 3.50 |
| 海南 | −7.24 | −6.19 | −2.12 | 3.56 | −1.30 | 2.41 | −0.26 | −1.36 | −12.50 |
| 重庆 | −3.31 | 1.82 | −0.47 | 2.79 | −1.27 | 1.05 | −1.28 | −0.47 | −1.14 |
| 四川 | 0.65 | −2.32 | −1.56 | 1.37 | −0.17 | −0.96 | −4.92 | −0.06 | −7.97 |
| 贵州 | 0.66 | −0.39 | 0.07 | −1.03 | −0.88 | 0.66 | −0.76 | −0.02 | −1.69 |
| 云南 | 1.30 | 0.26 | −0.07 | −1.08 | −0.57 | 0.45 | −1.95 | −0.63 | −2.29 |
| 陕西 | −1.62 | 6.13 | −0.21 | −2.27 | −1.64 | 0.77 | 1.41 | 0.87 | 3.44 |
| 甘肃 | 1.07 | 0.01 | −0.14 | 1.20 | 0.17 | −1.05 | 0.41 | 1.00 | 2.67 |
| 青海 | −2.26 | −3.34 | 6.40 | 9.32 | −5.32 | −1.10 | −0.91 | −2.13 | 0.66 |
| 宁夏 | −0.10 | 2.37 | −0.28 | 0.18 | −0.39 | 0.48 | −1.02 | 2.00 | 3.24 |
| 新疆 | −0.69 | −1.45 | 0.33 | 0.75 | 4.14 | 5.22 | −0.41 | 1.32 | 9.21 |
| 全国 | 0.02 | −0.25 | 0.01 | 0.01 | −0.33 | −0.32 | −0.61 | 0.23 | −1.24 |

## 6.3.2　行业结构的影响

由 30 个省份及全国六大高耗能产业产值（经行业产品出厂价格指数调整）占比表（表 6.4）及占比变化表（表 6.5）可以发现，2003～2011 年高能耗产业比重下降的有 18 个省份，下降超过 5 个百分点的省份有辽宁（16.07%）、山西（10.58%）、湖南（9.98%）、四川（8.21%）、上海（6.82%）以及北京（5.80%），上升的有 12 个省份，涨幅超过 5 个百分点的有海南（27.67%）、青海（15.10%）、新疆（10.49%）、云南（8.99%）、陕西（7.05%）以及宁夏（5.55%），全国则微弱下降 1.06 个百分点。

表 6.4　30 个省份及全国六大高耗能行业产值占比（%）

| 地区 | 2003 | 2004 | 2005 | 2006 | 2007 | 2008 | 2009 | 2010 | 2011 |
|---|---|---|---|---|---|---|---|---|---|
| 北京 | 31.16 | 32.58 | 29.12 | 26.89 | 26.31 | 26.47 | 25.82 | 26.76 | 25.36 |
| 天津 | 31.73 | 31.25 | 28.18 | 27.85 | 30.12 | 29.34 | 32.30 | 31.67 | 31.18 |
| 河北 | 53.36 | 57.72 | 57.96 | 57.20 | 56.59 | 56.05 | 55.23 | 52.32 | 51.01 |
| 山西 | 59.61 | 59.83 | 58.73 | 57.48 | 58.08 | 55.70 | 54.01 | 51.20 | 49.03 |
| 内蒙古 | 48.24 | 50.29 | 48.53 | 49.10 | 48.43 | 49.55 | 49.16 | 46.48 | 48.25 |
| 辽宁 | 51.31 | 52.49 | 50.96 | 46.88 | 42.93 | 39.04 | 37.87 | 36.55 | 35.24 |
| 吉林 | 24.06 | 30.46 | 30.35 | 29.51 | 26.56 | 26.94 | 24.82 | 23.35 | 23.87 |
| 黑龙江 | 32.36 | 33.81 | 30.50 | 33.16 | 34.07 | 30.50 | 33.52 | 33.38 | 33.50 |
| 上海 | 26.98 | 25.76 | 25.87 | 25.19 | 22.58 | 22.22 | 21.72 | 20.90 | 20.16 |
| 江苏 | 29.11 | 29.24 | 29.38 | 28.99 | 28.24 | 25.87 | 26.57 | 25.01 | 24.34 |
| 浙江 | 23.36 | 27.06 | 26.39 | 25.41 | 24.59 | 24.87 | 25.81 | 25.31 | 27.28 |
| 安徽 | 37.27 | 40.48 | 39.30 | 38.57 | 36.97 | 38.77 | 36.68 | 35.29 | 32.48 |
| 福建 | 27.58 | 28.87 | 28.02 | 27.50 | 27.49 | 26.31 | 27.15 | 26.06 | 26.30 |
| 江西 | 49.96 | 50.95 | 47.12 | 49.56 | 49.21 | 48.48 | 47.37 | 43.02 | 46.19 |
| 山东 | 30.32 | 31.92 | 32.54 | 32.40 | 31.79 | 30.97 | 31.57 | 31.16 | 32.15 |
| 河南 | 42.23 | 44.12 | 42.57 | 42.32 | 44.57 | 41.84 | 40.95 | 41.54 | 38.57 |
| 湖北 | 36.29 | 41.60 | 39.29 | 36.97 | 35.87 | 35.35 | 35.14 | 32.73 | 31.92 |
| 湖南 | 44.53 | 47.01 | 36.86 | 45.04 | 44.37 | 40.22 | 38.00 | 37.12 | 34.55 |
| 广东 | 21.71 | 22.42 | 21.54 | 20.84 | 20.76 | 19.70 | 20.04 | 19.41 | 18.80 |

续表

| 地区 | 2003 | 2004 | 2005 | 2006 | 2007 | 2008 | 2009 | 2010 | 2011 |
|---|---|---|---|---|---|---|---|---|---|
| 广西 | 37.25 | 43.38 | 44.62 | 43.95 | 44.35 | 43.50 | 38.89 | 40.89 | 40.17 |
| 海南 | 22.10 | 27.97 | 24.58 | 35.54 | 49.03 | 51.50 | 53.05 | 48.30 | 49.77 |
| 重庆 | 27.15 | 28.22 | 28.91 | 27.18 | 25.95 | 25.41 | 23.76 | 23.51 | 22.56 |
| 四川 | 38.13 | 40.99 | 38.71 | 37.05 | 35.49 | 31.59 | 31.82 | 31.81 | 29.92 |
| 贵州 | 53.58 | 58.64 | 59.14 | 59.97 | 59.33 | 56.25 | 55.72 | 53.80 | 51.38 |
| 云南 | 44.43 | 48.33 | 51.83 | 53.98 | 54.57 | 53.42 | 52.38 | 53.64 | 53.42 |
| 陕西 | 27.57 | 31.60 | 32.22 | 35.02 | 33.64 | 32.96 | 32.92 | 33.19 | 34.62 |
| 甘肃 | 63.15 | 72.94 | 73.91 | 73.61 | 74.38 | 71.46 | 68.68 | 66.52 | 67.16 |
| 青海 | 56.82 | 62.64 | 60.32 | 62.81 | 63.56 | 65.85 | 66.66 | 67.63 | 71.92 |
| 宁夏 | 58.85 | 64.22 | 61.67 | 62.20 | 62.57 | 61.09 | 59.36 | 61.23 | 64.40 |
| 新疆 | 46.57 | 46.23 | 46.68 | 47.02 | 46.50 | 50.15 | 50.35 | 52.83 | 57.06 |
| 全国 | 32.01 | 34.82 | 33.77 | 33.25 | 32.81 | 31.75 | 31.97 | 31.04 | 30.95 |

表 6.5　30 个省份及全国六大高耗能行业产值占比变化（%）

| 地区 | 2004 | 2005 | 2006 | 2007 | 2008 | 2009 | 2010 | 2011 | 2003～2011 |
|---|---|---|---|---|---|---|---|---|---|
| 北京 | 1.42 | −3.46 | −2.23 | −0.58 | 0.16 | −0.65 | 0.94 | −1.40 | −5.80 |
| 天津 | −0.48 | −3.07 | −0.33 | 2.27 | −0.78 | 2.96 | −0.63 | −0.49 | −0.55 |
| 河北 | 4.36 | 0.24 | −0.76 | −0.61 | −0.54 | −0.82 | −2.91 | −1.31 | −2.35 |
| 山西 | 0.22 | −1.10 | −1.25 | 0.60 | −2.38 | −1.69 | −2.81 | −2.17 | −10.58 |
| 内蒙古 | 2.05 | −1.76 | 0.57 | −0.67 | 1.12 | −0.39 | −2.68 | 1.77 | 0.01 |
| 辽宁 | 1.18 | −1.53 | −4.08 | −3.95 | −3.89 | −1.17 | −1.32 | −1.31 | −16.07 |
| 吉林 | 6.40 | −0.11 | −0.84 | −2.95 | 0.38 | −2.12 | −1.47 | 0.52 | −0.19 |
| 黑龙江 | 1.45 | −3.31 | 2.66 | 0.91 | −3.57 | 3.02 | −0.14 | 0.12 | 1.14 |
| 上海 | −1.22 | 0.11 | −0.68 | −2.61 | −0.36 | −0.50 | −0.82 | −0.74 | −6.82 |
| 江苏 | 0.13 | 0.14 | −0.39 | −0.75 | −2.37 | 0.70 | −1.56 | −0.67 | −4.77 |
| 浙江 | 3.70 | −0.67 | −0.98 | −0.82 | 0.28 | 0.94 | −0.50 | 1.97 | 3.92 |
| 安徽 | 3.21 | −1.18 | −0.73 | −1.60 | 1.80 | −2.09 | −1.39 | −2.81 | −4.79 |
| 福建 | 1.29 | −0.85 | −0.52 | −0.01 | −1.18 | 0.84 | −1.09 | 0.24 | −1.28 |
| 江西 | 0.99 | −3.83 | 2.44 | −0.35 | −0.73 | −1.11 | −4.35 | 3.17 | −3.77 |
| 山东 | 1.60 | 0.62 | −0.14 | −0.61 | −0.82 | 0.60 | −0.41 | 0.99 | 1.83 |
| 河南 | 1.89 | −1.55 | −0.25 | 2.25 | −2.73 | −0.89 | 0.59 | −2.97 | −3.66 |
| 湖北 | 5.31 | −2.31 | −2.32 | −1.10 | −0.52 | −0.21 | −2.41 | −0.81 | −4.37 |
| 湖南 | 2.48 | −10.15 | 8.18 | −0.67 | −4.15 | −2.22 | −0.88 | −2.57 | −9.98 |

续表

| 地区 | 2004 | 2005 | 2006 | 2007 | 2008 | 2009 | 2010 | 2011 | 2003~2011 |
|---|---|---|---|---|---|---|---|---|---|
| 广东 | 0.71 | −0.88 | −0.70 | −0.08 | −1.06 | 0.34 | −0.63 | −0.61 | −2.91 |
| 广西 | 6.13 | 1.24 | −0.67 | 0.40 | −0.85 | −4.61 | 2.00 | −0.72 | 2.92 |
| 海南 | 5.87 | −3.39 | 10.96 | 13.49 | 2.47 | 1.55 | −4.75 | 1.47 | 27.67 |
| 重庆 | 1.07 | 0.69 | −1.73 | −1.23 | −0.54 | −1.65 | −0.25 | −0.95 | −4.59 |
| 四川 | 2.86 | −2.28 | −1.66 | −1.56 | −3.90 | 0.23 | −0.01 | −1.89 | −8.21 |
| 贵州 | 5.06 | 0.50 | 0.83 | −0.64 | −3.08 | −0.53 | −1.92 | −2.42 | −2.20 |
| 云南 | 3.90 | 3.50 | 2.15 | 0.59 | −1.15 | −1.04 | 1.26 | −0.22 | 8.99 |
| 陕西 | 4.03 | 0.62 | 2.80 | −1.38 | −0.68 | −0.04 | 0.27 | 1.43 | 7.05 |
| 甘肃 | 9.79 | 0.97 | −0.30 | 0.77 | −2.92 | −2.78 | −2.16 | 0.64 | 4.01 |
| 青海 | 5.82 | −2.32 | 2.49 | 0.75 | 2.29 | 0.81 | 0.97 | 4.29 | 15.10 |
| 宁夏 | 5.37 | −2.55 | 0.53 | 0.37 | −1.48 | −1.73 | 1.87 | 3.17 | 5.55 |
| 新疆 | −0.34 | 0.45 | 0.34 | −0.52 | 3.65 | 0.20 | 2.48 | 4.23 | 10.49 |
| 全国 | 2.81 | −1.05 | −0.52 | −0.44 | −1.06 | 0.21 | −0.93 | −0.09 | −1.06 |

## 6.3.3　工业规模的影响

从工业规模统计数据表（表 6.6），可以看出 2003~2011 年，扣除物价因素的影响，30 个省份以及全国的工业除少数年度外基本呈现 2 位数的高速增长，累计增幅最小的是上海（161%）。10 倍以上涨幅的有河南（2420%）、内蒙古（1137%）以及江西（1050%），前述研究的四个单元依次是北京（210%）、云南（237%）、全国（460%）、山西（519%）。由此可见工业规模的增加是碳排放增加的最主要推动因素，与前述分解研究的结果不谋而合。

表 6.6　30 个省份及全国工业规模环比系数（以 2003 年不变价格计算）

| 地区 | 2004 | 2005 | 2006 | 2007 | 2008 | 2009 | 2010 | 2011 | 2003~2011 |
|---|---|---|---|---|---|---|---|---|---|
| 北京 | 1.23 | 1.23 | 1.20 | 1.17 | 1.04 | 1.20 | 1.11 | 1.05 | 3.10 |
| 天津 | 1.36 | 1.17 | 1.28 | 1.18 | 1.20 | 1.18 | 1.15 | 1.24 | 4.86 |
| 河北 | 1.30 | 1.42 | 1.25 | 1.26 | 1.30 | 1.18 | 1.16 | 1.27 | 6.56 |
| 山西 | 1.46 | 1.30 | 1.24 | 1.32 | 1.24 | 1.04 | 1.21 | 1.28 | 6.19 |
| 内蒙古 | 1.46 | 1.45 | 1.41 | 1.40 | 1.45 | 1.38 | 1.12 | 1.32 | 12.37 |
| 辽宁 | 1.33 | 1.27 | 1.33 | 1.29 | 1.31 | 1.28 | 1.15 | 1.15 | 6.45 |
| 吉林 | 1.15 | 1.18 | 1.28 | 1.36 | 1.25 | 1.35 | 1.17 | 1.29 | 5.99 |

续表

| 地区 | 2004 | 2005 | 2006 | 2007 | 2008 | 2009 | 2010 | 2011 | 2003～2011 |
|------|------|------|------|------|------|------|------|------|-----------|
| 黑龙江 | 1.12 | 1.38 | 1.18 | 1.13 | 1.20 | 1.08 | 1.17 | 1.20 | 3.73 |
| 上海 | 1.17 | 1.17 | 1.18 | 1.13 | 1.09 | 1.08 | 1.12 | 1.07 | 2.61 |
| 江苏 | 1.30 | 1.33 | 1.29 | 1.29 | 1.23 | 1.22 | 1.13 | 1.16 | 5.63 |
| 浙江 | 1.37 | 1.25 | 1.28 | 1.24 | 1.09 | 1.14 | 1.12 | 1.09 | 4.14 |
| 安徽 | 1.32 | 1.26 | 1.32 | 1.34 | 1.35 | 1.35 | 1.26 | 1.37 | 9.35 |
| 福建 | 1.29 | 1.21 | 1.25 | 1.25 | 1.17 | 1.25 | 1.17 | 1.25 | 5.23 |
| 江西 | 1.42 | 1.36 | 1.45 | 1.46 | 1.32 | 1.30 | 1.27 | 1.29 | 11.50 |
| 山东 | 1.38 | 1.37 | 1.29 | 1.28 | 1.22 | 1.28 | 1.06 | 1.18 | 6.10 |
| 河南 | 1.25 | 1.39 | 1.32 | 4.92 | 1.23 | 1.20 | 1.13 | 1.33 | 25.20 |
| 湖北 | 1.29 | 1.24 | 1.25 | 1.29 | 1.35 | 1.31 | 1.25 | 1.29 | 7.29 |
| 湖南 | 1.32 | 1.32 | 1.31 | 1.38 | 1.32 | 1.32 | 1.26 | 1.38 | 9.53 |
| 广东 | 1.29 | 1.23 | 1.27 | 1.24 | 1.14 | 1.18 | 1.13 | 1.10 | 4.16 |
| 广西 | 1.33 | 1.27 | 1.34 | 1.37 | 1.28 | 1.28 | 1.26 | 1.32 | 8.43 |
| 海南 | 1.09 | 1.24 | 1.38 | 1.56 | 1.06 | 1.08 | 1.17 | 1.15 | 4.53 |
| 重庆 | 1.27 | 1.19 | 1.30 | 1.36 | 1.27 | 1.33 | 1.21 | 1.29 | 7.03 |
| 四川 | 1.31 | 1.33 | 1.31 | 1.39 | 1.29 | 1.38 | 1.15 | 1.31 | 8.49 |
| 贵州 | 1.34 | 1.23 | 1.25 | 1.22 | 1.19 | 1.24 | 1.10 | 1.31 | 5.33 |
| 云南 | 1.07 | 1.33 | 1.29 | 1.04 | 1.15 | 1.14 | 1.12 | 1.20 | 3.37 |
| 陕西 | 1.37 | 1.26 | 1.33 | 1.28 | 1.27 | 1.28 | 1.19 | 1.27 | 7.17 |
| 甘肃 | 1.43 | 1.15 | 1.27 | 1.30 | 1.09 | 1.16 | 1.16 | 1.26 | 5.08 |
| 青海 | 1.42 | 1.32 | 1.34 | 1.28 | 1.29 | 1.11 | 1.23 | 1.27 | 7.21 |
| 宁夏 | 1.48 | 1.23 | 1.30 | 1.24 | 1.23 | 1.21 | 1.18 | 1.29 | 6.66 |
| 新疆 | 1.33 | 1.35 | 1.30 | 1.23 | 1.25 | 1.06 | 1.20 | 1.25 | 5.70 |
| 全国 | 1.34 | 1.26 | 1.28 | 1.28 | 1.21 | 1.22 | 1.14 | 1.20 | 5.60 |

　　能源结构和行业结构都是经济结构的重要组成部分，而经济结构调整是经济可持续增长的重要源泉，也是当今各国转变经济发展方式的根本途径，Timmer和 Szirmai（2000）曾经把结构调整对经济增长的正向影响称为结构红利假说。整体而言，目前阶段产业结构调整对碳排放的影响要大于能源结构变化，其中能源结构优化是有利于碳减排的，而产业结构只有降低高耗能比重才能促进碳减排。优化产业结构是中国未来成功减排二氧化碳、实现经济转型的必由之路（陈诗一和吴若沉，2011）。

# 6.4　本　章　小　结

本章基于 LMDI 乘法式分解方法对北京、山西、云南三省以及全国层面的工业化行业化石能源碳排放进行工业整体分析和工业行业分析,结果表明工业规模的增加是碳排放增加的最主要推动因素,能源结构优化和产业结构低耗能化均没有明显进展,能源结构和产业结构对碳减排目前还没有产生积极作用。基于此,本章给出建议。

（1）推动产业升级,降低能源强度。建立工业节能减排技术信息平台推广节能技术,分层推进节能改造工程,依靠科技创新提高各行业的生产工艺和技术水平,提升能源利用效率,抑制不合理能源消费。

（2）推动能源供给革命,优化能源结构。控制煤炭消费总量、加快清洁能源替代利用,增进化石能源清洁化利用,加强国际天然气合作,提升天然气消费比重。大力发展非化石能源,在保护好生态环境的前提下开发水电,积极扶持风能、太阳能、地热能、海洋能等的开发和利用;推进生物质能源的发展;发展特高压等大容量、高效率、远距离的先进输电技术。

（3）优化产业结构,控制高能耗工业发展规模,降低高能耗工业的比重。推动能源消费革命,尤其是要控制高能耗、高排放产业的发展。尽管从短期内来看各地促进地方经济高速增长的要求非常强烈,尤其是当前面临经济下行压力,一些地方正谋划新上高耗能项目,但一定要从"五位一体"总布局之一的"生态文明建设"高度出发对高能耗产业适时逐步实施"产能总量控制－限制出口－进口替代"路径的产业优化措施。

# 第 7 章  省域碳排放公平研究

为积极应对全球气候变化，国家"十二五"规划把大幅降低能源消耗强度和二氧化碳排放强度作为约束性指标分解到各省份。各地区发展程度不一致，资源禀赋不一样，节能减排诉求也不一致。发达地区占据产业链高点，通过调入方式获取能源密集型产品，易于完成减排任务；欠发达地区或能源富裕地区是高耗能产品生产地，而非消费地，碳排放强度高，为其他地方经济发展做出了巨大贡献。因此，研究省域碳排放公平、碳排放空间转移是分配减排指标、有针对性地制定减排措施、考核减排绩效的前提与基础。

## 7.1  碳排放公平及其测算

碳排放分配公平性研究非常重要，通过对不平等程度进行量化可以从不同的角度或者层面研究气候变化中的不平等问题，以便测度不平等程度的高低和变化趋势，这将有利于改善不平等的状态。

碳排放公平的本质是测度碳空间的分配差异。财富分配的公平性研究已经得到了深入探讨，相关研究史可参阅（徐宽，2008）。气候变化领域研究分配差异是一个较新的问题，如第 1 章所提及，很多学者借助收入分配中的变差系数、基尼系数、熵值系数和 Atkinson 指数来研究碳排放公平问题，本书借鉴滕飞等（2010）、宋德勇和刘习平（2013）的方法，通过构建碳洛伦兹曲线和碳基尼系数来研究碳公平及其测算。

洛伦兹曲线是洛伦兹于 1907 年提出的，用以刻画人口比例与收入比例之间的关系。横轴为累计人口比，纵轴为累计收入比，用曲线将人口比例与收入比例的对应关系表述出来，这种曲线就是洛伦兹曲线。基尼则根据洛伦兹曲线在 1922 年提出了判断分配公平程度的指标，即基尼系数。基尼系数用不公平分配收入占总收入的比重刻画收入分配的不公平程度。基尼系数取值区间是 0~1，收入分配绝对均衡时，基尼系数为 0；收入分配绝对不均衡时，基尼系数则为 1。按照联合国有关组织的规定，基尼系数小于 0.2 表示收入绝对平均，基尼系数为 0.2~0.3 表示比较平均，基尼系数为 0.3~0.4 则表示相对合理，而基尼系数为 0.4~0.5 则表示收入差距较大，如果超过 0.5 则表示收入差距悬殊。

滕飞等（2010）认为发达国家在其工业化过程中排放了大量的温室气体，这些温室气体累积在大气中，不仅导致温室效应增强和全球以变暖为主要特征的气候变化，也挤占了有限的排放空间，使得发展中国家在发展时面临着更加严格的排放约束。本书认为，我国不同省份发展尤其是工业发展不均衡时，相对发达区域挤占了相对欠发达区域的碳排放空间。因此，也可以借用基尼系数对碳排放空间分配的公平情况进行测算。当使用洛伦兹曲线和基尼系数测度排放空间分配的公平程度时，横轴为累计人口比，而纵轴则从累计收入比转换成累计碳排放比。不过，为了动态捕捉碳排放不公平的发展趋势，本书在借用基尼系数研究碳公平时使用的是年度碳排放。在代表公平、生态承载、效率等排放指标的基础上，构造"碳洛伦兹曲线"，以此来反映不同省份对有限的排放空间不公平分配的程度，根据"碳洛伦兹曲线"进一步计算出"碳基尼系数"，从总体上反映不同省份对排放空间占有的差异程度，对排放空间分配的公平性进行量化的测度。

## 7.2　单年度人均碳排放角度的碳洛伦兹曲线和碳基尼系数

不同于收入分配公平性的研究，本书重点关注的是各省份的碳排放情况，在构造洛伦兹曲线时，需要按人均碳排放量递增的顺序对各省份进行排序，并给以相应的序号 $s$。将各个省份进行排序以后，以累计人口比为横轴，累计碳排放比为纵轴建立坐标系。注意到这里的累计是针对序号为 $s$ 的省份而言的，计算其累计量时将包括所有序号不超过 $s$ 的省份，因此，它在坐标系中的坐标 $(p_s, c_s)$ 为 $p_s = \sum_{i \leqslant s} p^i$，$c_s = \sum_{i \leqslant s} c^i$，其中 $p^i$，$c^i$ 分别表示按照人均碳排放量递增的顺序排序后的第 $i$ 个省份人口占比和人均碳排放占比。

将坐标系中表示各个省份位置的点通过平滑曲线相连，即得到基于人均碳排放的洛伦兹曲线。由于洛伦兹曲线是按人均碳排放排序，因此某省份在碳洛伦兹曲线的位置越靠右上方，则该省份在人均碳排放排序中的位置越靠前，因而其对气候变化的责任也越大，减排压力也越大。作为代表，本书只给出 2011 年的基于人均碳排放占比的碳洛伦兹曲线，如图 7.1 所示。

在碳洛伦兹曲线的基础上，计算碳排放基尼系数与计算收入基尼系数类似，借鉴滕飞等（2010）提出的梯形划分求基尼系数方法。

基于定义，基尼系数等于不平等面积占绝对平等面积的比重，如图 7.2 所示，不平等面积为洛伦兹曲线和 45 度线围成的面积，绝对平等面积为三角形面积，取值为 0.5。

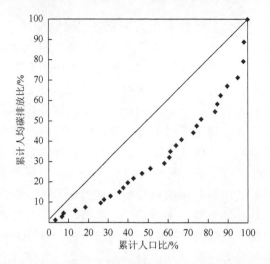

图 7.1　2011 年基于人均碳排放占比的碳洛伦兹曲线

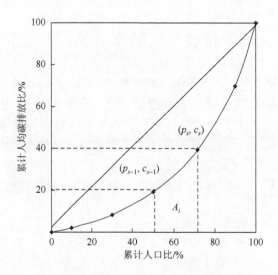

图 7.2　梯形分割求基尼系数

定义碳洛伦兹曲线外的面积为 $A$，因此有

$$\text{Gini}=\frac{0.5-A}{0.5}=1-2A \tag{7.1}$$

而区域可以划分 $S$ 个梯形，故可计算：

$$A=\sum_{s=1}^{S}A_i=\sum_{s=1}^{S}\frac{(c_{s-1}+c_s)(p_s-p_{s-1})}{2} \tag{7.2}$$

因此计算基尼系数的表达式为

$$\text{Gini}=1-\sum_{s=1}^{30}(c_{s-1}+c_s)(p_s-p_{s-1})\qquad (7.3)$$

并定义 $c_0 = p_0 = 0$ 。

　　根据上述界定，本书构造了 1995～2011 年各年度的人均碳排放的碳洛伦兹曲线，并计算出相应的碳基尼系数，如图 7.3 所示。

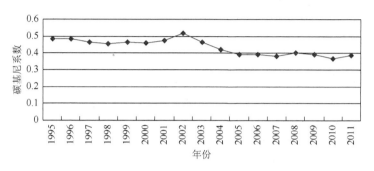

图 7.3　1995～2011 年基于人均碳排放的碳基尼系数

　　从图 7.3 的碳基尼系数来看，除 2002 年超过 0.5 处于碳排放差距悬殊外，其他年份均低于 0.5，其中 2004 年以前处于 0.4～0.5，表明碳排放差距较大，2004 年以后处于 0.3～0.4，表明碳排放相对合理。而且 1995～2011 年整体上碳基尼系数有下降的趋势。

## 7.3　单位区域面积与单位 GDP 角度的碳基尼系数

　　为了对比研究，本书认为有必要从单位区域面积碳排放和单位 GDP 碳排放角度来分析碳排放公平问题。

　　在构造单位区域面积碳排放的洛伦兹曲线时，需要按单位区域面积碳排放量递增的顺序对各省份进行排序。将各个省份进行排序以后，以累计区域面积占比为横轴，累计单位区域面积碳排放占比为纵轴建立坐标系。将坐标系中表示各个省份位置的点通过平滑曲线相连，即得到基于单位区域面积碳排放的洛伦兹曲线。由于洛伦兹曲线是按单位区域面积碳排放排序，因此某省份在碳洛伦兹曲线的位置越靠右上方，则该省份在单位区域面积碳排放排序中的位置越靠前，因而其应对生态环境承载的压力更大，碳减排压力也更大。

　　基于篇幅考虑，本书未给出基于单位区域面积碳排放的各年度碳洛伦兹曲线。

　　在构造单位 GDP 碳排放的洛伦兹曲线时，需要按单位 GDP 碳排放量递增的顺序对各省份进行排序。将各个省份进行排序以后，以累计 GDP 占比为横轴，累计单位 GDP 碳排放占比为纵轴建立坐标系。将坐标系中表示各个省份位置的点通过平滑曲线相连，即得到基于单位 GDP 碳排放的洛伦兹曲线。由于洛伦兹曲线是按单位 GDP 碳排放排序，因此某省份在碳洛伦兹曲线的位置越靠右上方，则该省份在单位 GDP 碳排放排序中的位置越靠前，因而其产出的碳排放强度更大，基于效率考虑，其碳减排压力也更大。

　　同样基于篇幅考虑，本书未给出基于单位 GDP 碳排放的各年度碳洛伦兹曲线。

　　基于相应的碳洛伦兹曲线，本书还分别给出了 1995～2011 年基于单位区域面积碳排放的碳基尼系数图（图 7.4）、基于单位 GDP 碳排放的碳基尼系数图（图 7.5）。

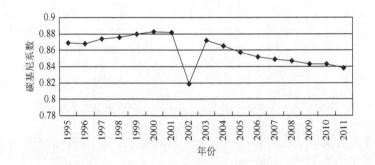

图 7.4　1995～2011 年基于单位区域面积碳排放的碳基尼系数

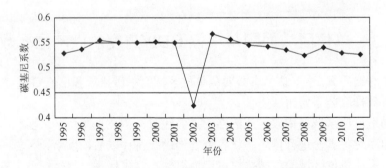

图 7.5　1995～2011 年基于单位 GDP 碳排放的碳基尼系数

　　从图 7.4 单位区域面积碳排放的碳基尼系数来看，所有年份均在 0.8 以上，即所有年份碳排放均处于极度悬殊状态，尽管 2002 年有非常高程度的改善，但省际差距依然悬殊，同样，1995～2011 年整体上碳基尼系数也有下降的趋势。

　　从图 7.5 单位 GDP 碳排放的碳基尼系数来看，除 2002 年低于 0.5 处于碳排放差距较大状态外，其他年份均高于 0.5 处于碳排放差距悬殊状态，且 1995～2011 年整体上碳基尼系数也有下降的趋势。

　　基于不同的指标计算的碳基尼系数差别悬殊,结论也相异。基于单位区域面积碳排放的碳基尼系数结论非常悲观,基于人均碳排放的碳基尼系数很乐观,结论的巨大差异正体现了我国省域碳排放分布特征的复杂性。不过值得期待的是,1995~2011 年三种指标下的碳基尼系数整体上都有下降的趋势。相信随着社会各界对生态环境的更加重视,治理措施的不断落实,碳排放公平问题会得到进一步的改善。

## 7.4　碳排放公平的再讨论

　　碳基尼系数从总体上给出了碳排放的不公平,但并未解释造成不公的直接来源,也没有揭示哪些省份占有的空间大、生态承载力强,应该承担更多的减排责任,哪些省份占有的空间少、生态承载力小,在确定减排方案的时候需要给予适当照顾。作为一种揭示不公平的补充,本书以 2011 年为例,给出 2011 年人口比、碳排放比及区域面积比对比图(图 7.6)。

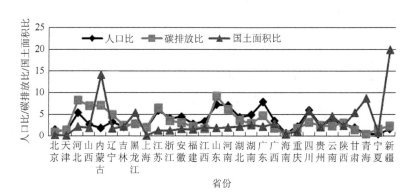

图 7.6　2011 年各省份人口、碳排放及区域面积对比图

　　从图 7.6 可以得出以下结论。
　　(1)从生态环境承载力角度来看,碳排放比不应超过区域面积比,2011 年超过的省份按倍数由大到小依次有:上海、天津、江苏、山东、北京、山西、河北、河南、浙江、辽宁、广东、宁夏、安徽、重庆、湖北、福建、陕西、贵州、湖南、吉林,该顺序反映了各省份面临由大到小的生态环境压力;较低的省份按系数由小到大有:青海、新疆、甘肃、内蒙古、云南、黑龙江、四川、广西、江西、海南,该顺序反映了各省份剩余的由大到小生态环境可承载空间。
　　(2)从平等的角度来看,碳排放比应该与人口比一致,2011 年超过的省份按倍数由大到小依次有:内蒙古、宁夏、山西、河北、辽宁、新疆、天津、山东、吉林、上海、江苏、陕西;较低的省份按系数由小到大有:广西、江西、海南、四川、湖南、广东、北京、云南、安徽、甘肃、重庆、福建、湖北、浙江、河南、贵州、青海、黑龙江。

（3）2011 年碳排放比同时超过区域面积比和人口比的省份有：上海、天津、江苏、山东、山西、河北、辽宁、宁夏、陕西、吉林，这些省份减排压力大，应关停部分高能耗高碳排放产业；2011 年碳排放比同时低于区域面积比和人口比的省份有：青海、甘肃、云南、黑龙江、四川、广西、江西、海南，这些省份可以适度承接减排压力较大省份的高能耗高碳排放产业。

# 7.5　本　章　小　结

本章提出以单年度而非跨年度的人均碳排放量、单位区域面积碳排放量以及单位 GDP 碳排放量为基础来测度碳基尼系数有如下意义。

（1）以单年度计算的基尼系数可以作为一个动态的指标度量当前各省份碳排放空间分配的不平等，并为我国在划定省域温室气体减排责任时对碳公平的讨论提供一个量化的指标。

（2）很多研究机构、学者基于不同的研究立场提出很多对于未来有限碳排放空间的分配方案，这些分配方案差别很大，利用碳基尼系数可以应用于对不同排放空间分配方案进行比较，也可对不同排放权分配方案的制订具有一定参考意义。

# 第8章  碳排放的省际转移研究

2014 年 9 月国家发展和改革委员会正式印发了《国家应对气候变化规划（2014—2020 年）》，明确指出，到 2020 年，单位 GDP 二氧化碳排放比 2005 年下降 40%～45%，还指出要建立全国碳排放交易市场。中国政府在"十二五"规划中早就提出实现能源消费的总量控制，并对各省份实现碳强度指标考核制度。值得注意的是，无论是总量控制指标还是碳强度指标，都没有考虑到各省份经济发展的阶段性特点、资源禀赋状况以及在区域经济发展中的战略地位。我国幅员辽阔，各区域的经济发展水平和产业结构差异很大，碳排放水平也存在很大差距。在开放经济下，一个省份的生产和消费并非自给自足，区域间贸易往来的商品使得部分商品的生产地和消费地出现地域上的分离，导致大量隐含碳排放的转移。碳减排责任划分若未做到客观公正，不仅不利于区域的平衡发展，更会降低我国发展低碳经济的整体效率。因此，本章将测算各省份碳排放转移情况，为客观认识各省份碳排放责任、合理分配减排责任提供参考。

## 8.1  碳排放区域转移的测度方法

碳排放区域转移是指在一段时间内，各省份碳排放规模和强度变化率的差异，借鉴张为付等（2014）的方法，计算碳排放规模转移指数（carbon-scale transfer index，CSTI）和碳排放强度转移指数（carbon intensity transfer index，CITI）。其中碳排放规模转移指数 CSTI 为

$$\text{CSTI}_{i(0-t)} = \frac{s_{i(0-t)}}{s_{(0-t)}} \tag{8.1}$$

式中，$\text{CSTI}_{i(0-t)}$ 为 $i$ 省份在时间段 $(0,t)$ 内的碳排放规模转移指数；$s_{i(0-t)}$，$s_{(0-t)}$ 分别为 $i$ 省份和全国在时间段 $(0,t)$ 内的碳排放规模变化率均值。若 $\text{CSTI}_{i(0-t)} > 1$，则表明碳排放规模向该省份内部相对转移；$\text{CSTI}_{i(0-t)}$ 越大，表示向内部转移的速度越快；若 $\text{CSTI}_{i(0-t)} < 1$，则表明碳排放规模相对向外部省份转移，$\text{CSTI}_{i(0-t)}$ 越小，表示向外部转移速度越快；若 $\text{CSTI}_{i(0-t)} = 1$，则表明该省份碳排放规模相对平衡。

碳排放强度转移指数 CITI 为

$$\text{CITI}_{i(0-t)} = \frac{I_{i(0-t)}}{I_{(0-t)}} \tag{8.2}$$

式中，$\text{CITI}_{i(0-t)}$ 为 $i$ 省份在时间段 $(0,t)$ 内的碳排放强度转移指数；$I_{i(0-t)}$，$I_{(0-t)}$ 分别为 $i$ 省份和全国在时间段 $(0,t)$ 内的碳排放强度变化率均值。若 $\text{CITI}_{i(0-t)} > 1$，则表明碳排放强度向该省份外部相对转移，$\text{CITI}_{i(0-t)}$ 越大，表示向外部转移的速度越快；若 $\text{CITI}_{i(0-t)} < 1$，则表明碳排放强度相对向内部省份转移，$\text{CITI}_{i(0-t)}$ 越小，表示向内部转移速度越快；若 $\text{CITI}_{i(0-t)} = 1$，则表明该省份碳排放强度相对平衡。

## 8.2　碳排放省际转移分析

30 个省份中，因为重庆 1997 年才设立为直辖市，缺 1997 年以前的数据，为保证数据的客观公正，本章研究不采用插值等方法来补充相关数据。因此，本节研究的时间范围为 1997~2011 年。基于式（8.1）和式（8.2），计算得到各省份碳排放规模转移系数和碳排放强度转移系数，如表 8.1 所示。

表 8.1　1997~2011 年各省份碳排放规模转移系数与碳排放强度转移系数

| 省份 | 碳排放规模变化率 | 碳排放规模转移系数 | 碳排放强度变化率 | 碳排放强度转移系数 |
|---|---|---|---|---|
| 北京 | 26.08 | 0.13 | −83.89 | 1.72 |
| 天津 | 155.85 | 0.75 | −71.39 | 1.46 |
| 河北 | 231.52 | 1.12 | −46.53 | 0.95 |
| 山西 | 129.16 | 0.63 | −69.9 | 1.43 |
| 内蒙古 | 507.17 | 2.46 | −51.23 | 1.05 |
| 辽宁 | 132.42 | 0.64 | −62.54 | 1.28 |
| 吉林 | 136.73 | 0.66 | −67.2 | 1.38 |
| 黑龙江 | 97.5 | 0.47 | −57.49 | 1.18 |
| 上海 | 75.97 | 0.37 | −68.48 | 1.4 |
| 江苏 | 262.13 | 1.27 | −50.74 | 1.04 |
| 浙江 | 228.89 | 1.11 | −52.31 | 1.07 |
| 安徽 | 178.16 | 0.86 | −57.33 | 1.17 |
| 福建 | 426.33 | 2.06 | −13.95 | 0.29 |
| 江西 | 207.11 | 1 | −57.86 | 1.18 |
| 山东 | 324.32 | 1.57 | −38.85 | 0.8 |

续表

| 省份 | 碳排放规模变化率 | 碳排放规模转移系数 | 碳排放强度变化率 | 碳排放强度转移系数 |
|---|---|---|---|---|
| 河南 | 274.28 | 1.33 | −43.84 | 0.9 |
| 湖北 | 159.62 | 0.77 | −62.23 | 1.27 |
| 湖南 | 185.28 | 0.9 | −58.67 | 1.2 |
| 广东 | 229.08 | 1.11 | −51.92 | 1.06 |
| 广西 | 262.54 | 1.27 | −43.79 | 0.9 |
| 海南 | 459.04 | 2.22 | −8.88 | 0.18 |
| 重庆 | 182.84 | 0.89 | −57.35 | 1.17 |
| 四川 | 125.8 | 0.61 | −65.19 | 1.33 |
| 贵州 | 135.26 | 0.66 | −66.75 | 1.37 |
| 云南 | 211.64 | 1.03 | −41.26 | 0.84 |
| 陕西 | 275.74 | 1.34 | −59.05 | 1.21 |
| 甘肃 | 165.23 | 0.8 | −58.07 | 1.19 |
| 青海 | 252.08 | 1.22 | −57.26 | 1.17 |
| 宁夏 | 634.28 | 3.07 | −21.55 | 0.44 |
| 新疆 | 274.79 | 1.33 | −41.04 | 0.84 |

1. 各省份碳排放规模的省际转移分析

从 1997~2011 年各省份碳排放规模转移系数的计算结果（表 8.1）可知，各省份碳排放表现出了非均衡发展的特征，碳排放规模转移系数高于 1 的有 15 个省份，由高到低依次是宁夏、内蒙古、海南、福建、山东、陕西、新疆、河南、广西、江苏、青海、河北、广东、浙江、云南，表明这些省份碳排放规模由外部向内部转移，这意味着这些省份很可能有相当一部分的碳排放是为其他省份提供高能耗高碳产品而导致的在该区域发生的补偿或替代效应。碳排放规模转移系数小于 1 的省份有 14 个，由低到高排序分别为北京、上海、黑龙江、四川、山西、辽宁、贵州、吉林、天津、湖北、甘肃、安徽、重庆、湖南。表明这些省份向区域外转移了碳排放规模，意味着这些省份很可能有部分高能耗高碳产品因由外省份调入而导致碳排放减少。

2. 各省份碳排放强度的省际转移分析

从 1997~2011 年各省份碳排放强度转移系数（表 8.1）来看，转移系数值大于 1 的有 21 个省份，从高到低依次是北京、天津、山西、上海、吉林、贵州、四川、辽宁、湖北、陕西、湖南、甘肃、江西、黑龙江、重庆、安徽、青海、浙江、广东、内蒙古和江苏，这表明 1997～2011 年，这些省份碳排放强度向外部转移，是低碳发展、可持续发展；转移系数值小于 1 的有 9 个省份，从低到高依次是海南、福建、宁夏、山东、新疆、云南、广西、河南、河北，表明这些省份的碳排放强度向内部转移，意味着低碳发展的步伐慢于全国平均水平。

　　3. 各省份碳排放转移的综合分析

　　综合各省份碳排放规模转移系数和碳排放强度转移系数的分析结果可以发现，1997～2011 年，宁夏、海南、福建、山东、新疆、河南、广西、河北、云南 9 个能源和重化工基地分布省份或经济总量规模大、产业发展基础较好、产品输出比例较高省份为排放规模、强度双内向转移省份，是我国隐含碳排放输入区域，意味着这些省份碳排放规模和强度增长幅度均高于全国平均水平。北京、上海、天津、黑龙江、四川、山西、辽宁、贵州、吉林、湖北、甘肃、安徽、重庆、湖南 14 个省份对电力、钢铁、水泥等高碳产品调入依赖较大的发达省份或产业结构不完整、许多投资品和消费品依赖调入来满足最终需求的省份为排放规模、强度双外向转移省份，是隐含碳排放输出区域，表明其碳排放规模和排放强度增长幅度都低于全国平均水平。

# 8.3　本 章 小 结

　　碳排放空间转移现象解释并决定了我国应该实施差异化的区域碳减排政策。前述研究表明，我国碳排放转移的基本方向是从能源密集区域和重化工基地分布区域向能源非密集区域、非重化工基地分布区域转移。

　　我国沿海省份整体上能源欠缺、行政面积偏小、人口密度高，第三产业和轻工产业发达，通过从省外调入能源密集型产品、重化工产品的方式，实现碳排放的省际对外转移，且这种局面在短时期内不会发生根本转变。这些省份易于完成节能碳减排任务，因此，从全国层面考虑应该对其实施更为严格的碳排放预算、承担更多的碳排放责任，对区域内高能耗高碳排放产业采取更强硬的产业升级政策。能源富集省份一般经济相对落后，对高能耗高排放产业依赖性较强、碳排放强度高，中央政府在分解减排责任时，不能凭此将其纳入减排潜力大的区域区，可以适当减轻减排责任，在节能减排政策扶持、技术改造等方面适当考虑其诉求。

# 第9章 碳排放权省域分配研究

碳排放权分配不应被忽视，无论是国际合作解决气候变化问题还是中国自身建设生态文明、美丽中国，首先遇到的就是如何界定和分配碳排放权问题。我国幅员辽阔，各地区在资源禀赋、经济发展水平、产业结构与人口规模等方面差异较大，因此各地区碳排放方面也存在较大的地域性差异，各地区在碳减排任务分配时出现较大的地区利益冲突。只有清晰地界定和分配碳排放权，才有可能按照一定的规则进行碳交易，从而最终实现碳减排目标。

## 9.1 碳排放权分配原则

公平原则是温室气体排放空间分配的重要原则，不过对于公平的理解，国际上尚没有一个统一的标准。在国际气候谈判中，发达国家往往强调效率原则，而发展中国家则坚持历史责任原则以及人人对全球公共资源享有平等权利的人均原则。表9.1列出了十种公平原则及其排放空间的分配规则。

**表9.1 不同的公平原则及其温室气体排放空间分配规则**

| 分类 | 公平原则 | 基本定义 | 一般操作规则 | 排放空间分配规则 |
|---|---|---|---|---|
| 基于分配的准则 | 主权原则 | 所有国家具有平等的污染权利和不受污染的权利 | 所有国家按同比例减排，维持现有相对排放水平不变 | 按排放相对份额分配排放空间 |
| | 平等主义 | 所有人具有平等的污染权利和不受污染的权利 | 减排量与人口成反比 | 按人口相对份额分配排放空间 |
| | 支付能力 | 各国根据实际能力承担经济责任 | 所有国家总减排成本占GDP比例相等 | 排放空间分配应使所有国家的总减排成本占GDP比例相等 |
| 基于结果的准则 | 水平公正 | 平等对待所有国家 | 所有国家净福利变化占GDP比例相等 | 排放空间分配应使所有国家的净福利变化占GDP比例相等 |
| | 垂直公正 | 更多关注处于不利状况的国家 | 净收益与人均GDP负相关 | 累计分配排放空间使净收益与人均GDP负相关 |
| | 补偿原则 | 根据Pareto最优原则,任何一方的改善不能造成其他方的损失 | 对有净福利损失的国家进行补偿 | 排放空间分配不应使任何国家遭受净福利损失 |

| 分类 | 公平原则 | 基本定义 | 一般操作规则 | 排放空间分配规则 |
|------|----------|----------|--------------|------------------|
| 基于结果<br>的准则 | 环境公平 | 生态系统的基础地位和<br>权利优先 | 减排应使环境价值最大化 | 排放空间分配应使环境价<br>值最大化 |
| 基于过程<br>的准则 | 罗尔斯最大<br>化最小值 | 处于最不利地位国家的福利<br>最大化 | 最贫穷国家的净收益<br>最大化 | 为最贫穷国家分配较多份<br>额使其净收益最大化 |
|  | 一致同意 | 国际谈判过程是公平的 | 寻求大多数国家接受的<br>政治方案 | 排放空间的分配应满足大<br>多数国家的要求 |
|  | 市场正义 | 市场是公平的 | 更好地利用市场 | 以拍卖方式将排放空间分<br>配给出价最高者 |

尽管本书是着眼于国家内部的碳排放权分配，但也认为首要的是强调公平兼顾效率与生态环境承载的原则，所以主张综合采用基于人口、区域面积、人均收入水平、单位 GDP 能源消费量等指标的方法，或综合考虑多种因素的混合型分配方案。具体如下所述。

世袭原则是指根据历史各省份累计碳排放量分配配额，也称为"祖父法"，包括单年度世袭原则和跨年度世袭原则。世袭原则强调的是所有区域都拥有平等的污染和免受污染权，主张碳排放配额按照各省份基准年占当年全国的比率来分配。其优点是保持了各省份经济的稳定性，避免减排导致的经济衰落，强调各区域的减排义务相同，这样对碳排放量少的区域不公平，显然这种方法公平和效率方面存在不足。

GDP 原则是根据各省份的 GDP 在全国的比例来分配碳排放权。这一原则主要与各区域的经济发展状况、趋势相关，经济发展较好，经济总量较大的省份在经济发展过程中所需的碳排放相对也较多，为了这些区域的经济发展不会因大幅度减排而受影响，从而有利于全国整体经济的发展，因此所分配碳排放权配额相对较多。

GDP 排放强度原则是经济效益最大化原则，即资源配置最优化的原则，是由碳排放强度引申出的指标。碳排放强度是美国政府提出的温室气体排放强度目标，即温室气体排放量与用 GDP 表示的经济产出之间的比率。这种方法允许排放量随经济产出上升或降低，从而使其对经济的影响最低。GDP 碳排放强度分配原则被认为可以保证在有限的环境排放空间的限制下，以求尽可能取得全球最大的经济产出。因此是强调效率的方法。

人均排放原则，即全球排放限额按人口来分配，这种原则体现了平等主义公平性的原则，也称为平等原则。良好的生态环境和空气质量是每个地球人应该享有的权利，同样对于一国而言，每位公民对国家公共资源享有相同的权利。从这一基本人权出发，碳排放权也应该按照人人平等的原则进行分配，即按各省份的人口在全国总人口中的比例来分配碳排放权配额，人口多的省份应该具有较多的二氧化碳排放权，从而满足该地区所需要的生存排放需求，也使人口较多而经济欠发达的省份受益更多。并且我国人口较多的省份多集中在中西部欠发达地区，人均排放原则使得这些地区的排放配额增多，有利于促进欠发达区域经济发展，缩小东中西部地区的区域差距。

　　行政区区域面积原则，即按照各省份的行政辖区面积分配碳排放权配额。辖区面积大的省份获得配额会大，辖区面积小的省份获得的配额较小。我国新疆、西藏、青海、内蒙古等省份区域面积大、人口密度低，自然资源尤其是能源资源非常丰富，从生态环境承载力角度来说，完全可以承接国民经济必不可少的高耗能高排放行业的转移，而北京、上海、天津、江苏、山东等省份自然禀赋不足、人口密度大、碳排放总量或人均量等都处于较高水平，生态环境承载力有限，不宜再大幅增加碳排放。

## 9.2　省域碳排放权分配

　　基于 9.1 节的表述，本书确定各原则下省域碳排放配额系数计算方法如下所示。
世袭原则单年度系数：

$$I_{h1}^i = \frac{C_{it}}{\sum\limits_{i=1}^{30} C_{it}} \tag{9.1}$$

世袭原则累计年度系数：

$$I_{h2}^i = \frac{\sum\limits_{t=1995}^{2011} C_{it}}{\sum\limits_{i=1}^{30} \sum\limits_{t=1995}^{2011} C_{it}} \tag{9.2}$$

GDP 原则系数：

$$I_g^i = \frac{\text{GDP}_i}{\sum\limits_{i=1}^{30} \text{GDP}_i} \tag{9.3}$$

GDP 排放强度系数：

$$I_c^i = \frac{\text{CEI}_i}{\sum\limits_{i=1}^{30} \text{CEI}_i} \tag{9.4}$$

人均排放原则系数：

$$I_p^i = \frac{P_i}{\sum\limits_{i=1}^{30} P_i} \tag{9.5}$$

区域面积原则系数：

$$I_l^i = \frac{\text{LAND}_i}{\sum\limits_{i=1}^{30} \text{LAND}_i} \qquad\qquad (9.6)$$

式中，$C_{it}$、$\text{GDP}_i$、$\text{CEI}_i$、$P_i$、$\text{LAND}_i$ 依次表示第 $i$ 省份某年的碳排放量、GDP、GDP 排放强度、人口总数、区域面积数。

由此，计算得到的各原则下省域碳排放配额系数如表 9.2 所示。

表 9.2　省域碳排放配额系数

| 省份 | 单年度世袭原则（2011） | 跨年度世袭原则（1995~2011） | GDP 原则 | GDP 排放强度原则 | 人均排放原则 | 区域面积原则 |
|---|---|---|---|---|---|---|
| 北京 | 0.90 | 1.52 | 3.12 | 6.79 | 1.51 | 0.20 |
| 天津 | 1.40 | 1.53 | 2.17 | 7.09 | 1.01 | 0.13 |
| 河北 | 8.17 | 9.49 | 4.71 | 2.82 | 5.41 | 2.24 |
| 山西 | 6.95 | 8.31 | 2.16 | 2.61 | 2.69 | 1.86 |
| 内蒙古 | 7.07 | 4.94 | 2.76 | 4.82 | 1.86 | 14.11 |
| 辽宁 | 4.86 | 5.33 | 4.27 | 4.22 | 3.28 | 1.74 |
| 吉林 | 2.40 | 2.43 | 2.03 | 3.20 | 2.06 | 2.24 |
| 黑龙江 | 2.83 | 3.21 | 2.42 | 2.73 | 2.87 | 5.43 |
| 上海 | 2.00 | 2.68 | 3.69 | 6.87 | 1.76 | 0.08 |
| 江苏 | 6.44 | 5.87 | 9.43 | 5.18 | 5.91 | 1.22 |
| 浙江 | 3.45 | 3.55 | 6.2 | 4.93 | 4.08 | 1.22 |
| 安徽 | 3.07 | 3.18 | 2.93 | 2.13 | 4.46 | 1.67 |
| 福建 | 2.16 | 1.79 | 3.37 | 3.94 | 2.78 | 1.45 |
| 江西 | 1.67 | 1.63 | 2.24 | 2.17 | 3.36 | 1.99 |
| 山东 | 9.11 | 8.27 | 8.71 | 3.94 | 7.21 | 1.83 |
| 河南 | 6.06 | 5.82 | 5.17 | 2.38 | 7.02 | 1.99 |
| 湖北 | 3.57 | 3.56 | 3.77 | 2.84 | 4.31 | 2.22 |
| 湖南 | 2.86 | 2.88 | 3.78 | 2.48 | 4.93 | 2.53 |
| 广东 | 4.66 | 4.69 | 10.2 | 4.22 | 7.85 | 2.15 |
| 广西 | 1.69 | 1.52 | 2.25 | 2.11 | 3.47 | 2.82 |
| 海南 | 0.34 | 0.25 | 0.48 | 2.40 | 0.66 | 0.41 |
| 重庆 | 1.69 | 1.50 | 1.93 | 2.87 | 2.18 | 0.98 |
| 四川 | 3.18 | 3.72 | 4.03 | 2.17 | 6.02 | 5.74 |
| 贵州 | 2.42 | 2.71 | 1.10 | 1.36 | 2.59 | 2.10 |
| 云南 | 2.33 | 2.41 | 1.71 | 1.60 | 3.46 | 4.57 |

续表

| 省份 | 单年度世袭原则（2011） | 跨年度世袭原则（1995～2011） | GDP 原则 | GDP 排放强度原则 | 人均排放原则 | 区域面积原则 |
|------|------|------|------|------|------|------|
| 陕西 | 2.97 | 2.43 | 2.40 | 2.78 | 2.80 | 2.45 |
| 甘肃 | 1.41 | 1.45 | 0.96 | 1.63 | 1.92 | 5.42 |
| 青海 | 0.41 | 0.39 | 0.23 | 2.45 | 0.42 | 8.62 |
| 宁夏 | 1.60 | 1.05 | 0.40 | 2.75 | 0.48 | 0.79 |
| 新疆 | 2.34 | 1.90 | 1.27 | 2.50 | 1.65 | 19.80 |

注：本表数据是由原始数据四舍五入后得到。

以 2011 年的实际排放量系数为比较基准，东、中、西及东北四大区域[①]碳排放占比分别为 38.63%、24.18%、27.10%、10.09%。

在 1995～2011 跨年度世袭原则下，配额较多的省份是河北、山西、山东，占比均超过 8.25%，三省累计占比超过 26.00%；配额较少的省份是海南、青海，占比均低于 0.5%，最低的 11 个省份累计占比仅 14.53%。在这一原则下，以 2011 年为基准，省域内变化差别很大，如北京、上海排放可分别增加 68.89%、34.00%，山西、四川、河北也可增加 16% 以上，而宁夏、内蒙古均需降低 30% 以上，但东、中、西及东北四大区域内变化分别为 2.61%、4.96%、−11.40%、8.72%。

在 GDP 原则下，配额较多的省份是广东，占比超过 10.00%，江苏、山东、浙江、河南，占比均超过 5%，五省累计占比达 39.71%；配额较少的省份是青海、宁夏、海南，占比均低于 0.50%，甘肃、贵州、新疆、云南、重庆占比均低于 2%，最低 8 个省份累计占比不到 9%。在这一原则下，以 2011 年为基准，省域内变化差别悬殊，如北京、广东排放可分别增加 246.67%、118.88%，上海、浙江、福建、天津也可都增加 50% 以上，而宁夏、山西、内蒙古、贵州分别需降低 75.00%、68.92%、60.96%、54.55%，而东、中、西及东北四大区域内变化很大，分别变化 34.81%、−17.08%、−29.44%、−13.58%。

在 GDP 排放强度原则下，配额较多的省份将是天津、上海、北京、江苏，占比均超过 5.00%，四省市累计占比为 25.93%；配额较少的省份将是贵州、云南、甘肃，占比均低于 2.00%，三省累计占比仅 4.59%。在这一原则下，省域内变化悬殊，例如，北京、海南排放可增加 6 倍以上，青海和天津也可增加 4 倍以上，而河北、山西、河南则需降低 60% 以上。四大区域中仅东部和中部两大区域变化较大，分别变化 24.72%、−39.58%。

---

① 根据国家统计局 2011 年 6 月 13 号的划分办法，我国的经济区域划分为东部、中部、西部和东北四大地区。东部地区包括：北京、天津、上海、河北、山东、江苏、浙江、福建、广东、海南。中部地区包括：山西、河南、湖北、安徽、湖南、江西。西部地区包括：内蒙古、新疆、宁夏、陕西、甘肃、青海、重庆、四川、西藏、广西、贵州、云南。东北地区包括：黑龙江、吉林、辽宁。

在人口排放原则下，配额较多的省份将是广东、山东、河南，占比均超过 7.00%，四川、江苏、河北，占比均超过 5%，六省累计占比达 39.42%；配额较少的省份将是青海、宁夏、海南，占比均低于 1.00%，天津、北京、新疆、上海、内蒙古、甘肃，占比均低于 2%，九省累计占比仅 11.27%。在这一原则下，以 2011 年为基准，省域内变化差别较大，例如，广西、江西排放可增加 100%，海南、四川也可增加约 90%，而内蒙古、宁夏及山西均需降低 60% 以上，四大区域仅中部和东北区域变化较大，分别变化 10.71%、−18.63%。

在区域面积原则下，配额较多的省份是新疆（19.80%）、内蒙古（14.11%）、青海、四川、黑龙江，五省累计占比达 53.70%；配额较少的省份是上海、天津、北京、海南、宁夏、重庆，占比均低于 1.00%，六省份累计占比仅 2.59%。在这一原则下，以 2011 年为基准，省域内变化悬殊，例如，青海、新疆、甘肃排放分别可增加 2002.44%、746.15%、284.40%，内蒙古、云南、黑龙江等地也可增加 90% 以上，而上海、天津则需降低 90% 以上。不仅如此，东、中、西部区域变化也非常大，分别变化−71.70%、−49.30%、148.62%。

综合来看，以 2011 年实际排放为基准，五大原则下没有省域可增加，山东、陕西需降低，最高降幅分别为 79.91%、19.19%。

## 9.3　本章小结

本章基于碳排放单年度世袭原则、跨年度世袭原则、GDP 原则、GDP 排放强度原则、人均排放原则、区域面积原则对我国省域碳排放权配额水平进行测算和分析，结果表明：不同分配原则下各省份的配额差距很大，这充分体现了我国经济发展的不平衡性。就四大区域来说，东部地区在 GDP 原则、GDP 排放强度原则上配额量增加较为明显，在区域面积原则上配额量下降非常明显；中部地区在 GDP、GDP 排放强度、区域面积原则上配额量下降较为明显，而在人均排放原则下增加明显；西部地区在区域面积原则上配额量增加最为明显，而在 1995～2011 跨年度世袭、GDP 原则下下降明显；东北地区则在 GDP、人均排放原则下下降明显。

# 参 考 文 献

包群，彭水军. 2006. 经济增长与环境污染：基于面板数据的联立方程估计[J]. 世界经济，（11）：
48-58.

蔡昉，都阳，王美艳. 2008. 经济发展方式转变与节能减排内在动力[J]. 经济研究，（6）：4-11, 36.

曹光辉，汪锋，张宗益，等. 2006. 我国经济增长与环境污染关系研究[J]. 中国人口·资源与环
境，16（1）：25-29.

陈操操，刘春兰，汪浩，等. 2014. 北京市能源消费碳足迹影响因素分析——基于 STIRPAT 模
型和偏小二乘模型[J]. 中国环境科学，（6）：1622-1632.

陈德湖，李寿德，蒋馥. 2004. 寡头垄断和排污权初始分配[J]. 系统工程，（10）：51-53.

陈青青，龙志和. 2011. 中国省级 $CO_2$ 排放影响因素的空间计量分析[J]. 中国人口·资源与环
境，21（11）：15-20.

陈诗一，吴若沉. 2011. 经济转型中的结构调整、能源强度降低与二氧化碳减排：全国及上海的
比较分析[J]. 上海经济研究，（4）：10-23.

陈诗一，严法善，吴若沉. 2010. 资本深化、生产率提高与中国二氧化碳排放变化——产业、区
域、能源三维结构调整视角的因素分解分析[J]. 财贸经济，（12）：111-119.

陈文颖，吴宗鑫. 1998. 气候变化的历史责任与碳排放限额分配[J]. 中国环境科学，（6）：2-6.

陈文颖，吴宗鑫，何建坤. 2005. 全球未来碳排放权"两个趋同"的分配方法[J]. 清华大学学报
（自然科学版），（6）：850-853, 857.

陈迎. 2006. 英国促进企业减排的激励措施及其对中国的借鉴[J]. 气候变化研究进展，（4）：
197-201.

程叶青，王哲野，张守志，等. 2013. 中国能源消费碳排放强度及其影响因素的空间计量[J]. 地
理学报，68（10）：1418-1431.

丛晓男，王铮，郭晓飞. 2013. 全球贸易隐含碳的核算及其地缘结构分析[J]. 财经研究，39（1）：
112-121.

丁仲礼，段晓男，葛全胜，等. 2009. 国际温室气体减排方案评估及中国长期排放权讨论[J]. 中
国科学 D 辑：地球科学，（12）：1659-1671.

董军，张旭. 2010. 中国工业部门能耗碳排放分解与低碳策略研究[J]. 资源科学，32（10）：
1856-1862.

高宏霞，杨林，付海东. 2012. 中国各省经济增长与环境污染关系的研究与预测——基于环境库
兹涅茨曲线的实证分析[J]. 经济学动态，（1）：52-57.

高振宁，缪旭波，邹长新. 2004. 江苏省环境库兹涅茨特征分析[J]. 农村生态环境，（1）：41-43, 59.

龚峰景，柏红霞，陈雅敏，等. 2010. 中国省际间工业污染转移量评估方法与案例分析[J]. 复旦
学报（自然科学版），（3）：362-367.

顾成军，龚新蜀. 2012. 1999—2009 年新疆能源消费碳排放的因素分解及实证研究[J]. 地域研究

与开发，31（3）：140-144.

郭朝先. 2010. 中国碳排放因素分解：基于 LMDI 分解技术[J]. 中国人口·资源与环境，20（12）：4-9.

郝宇，廖华，魏一鸣. 2014. 中国能源消费和电力消费的环境库兹涅茨曲线：基于面板数据空间计量模型的分析[J]. 中国软科学，（1）：134-147.

何建坤，张阿玲，刘滨. 2000. 全球气候变化问题与我国能源战略[J]. 清华大学学报（哲学社会科学版），（4）：1-6.

何建坤，刘滨，王宇. 2007. 全球应对气候变化对我国的挑战与对策[J]. 清华大学学报（哲学社会科学版），（5）：75-83.

何建坤，陈文颖，滕飞，等. 2009. 全球长期减排目标与碳排放权分配原则[J]. 气候变化研究进展，（6）：362-368.

何立微. 2007. 西安市大气环境库兹涅茨曲线的实证分析[J]. 农村经济与科技，（6）：101-102.

胡初枝，黄贤金，钟太洋，等. 2008. 中国碳排放特征及其动态演进分析[J]. 中国人口·资源与环境，18（3）：38-42.

胡宗义，刘亦文，唐李伟. 2013. 低碳经济背景下碳排放的库兹涅茨曲线研究[J]. 统计研究，30（2）：73-79.

黄宝荣，王毅，张慧智，等. 2012. 北京市分行业能源消耗及国内外贸易隐含能研究[J]. 中国环境科学，（2）：377-384.

姜克隽，胡秀莲，庄幸，等. 2008. 中国 2050 年的能源需求与 $CO_2$ 排放情景[J]. 气候变化研究进展，（5）：296-302.

姜克隽，胡秀莲，庄幸，等. 2009. 中国 2050 年低碳情景和低碳发展之路[J]. 中外能源，（6）：1-7.

李博. 2013. 中国地区技术创新能力与人均碳排放水平——基于省级面板数据的空间计量实证分析[J]. 软科学，（1）：26-30.

李春生. 2006. 广州市环境库兹涅茨曲线分析[J]. 生态经济，（8）：50-52，59.

李方一，刘卫东，唐志鹏. 2013. 中国区域间隐含污染转移研究[J]. 地理学报，68（6）：791-801.

李全生，郁璇. 2012. 我国碳强度减排的实施路径研究[J]. 西南交通大学学报（社会科学版），（2）：17-21.

李志强，王宝山. 2010. 基于因素分解模型的二氧化碳排放影响因素分析——以山西为例[J]. 生产力研究，（12）：99-101.

林伯强，蒋竺均. 2009. 中国二氧化碳的环境库兹涅茨曲线预测及影响因素分析[J]. 管理世界，（4）：27-36.

林相森，艾春荣. 2008. 我国居民医疗需求影响因素的实证分析[J]. 统计研究，（11）：40-45.

刘红光，刘卫东. 2009. 中国工业燃烧能源导致碳排放的因素分解[J]. 地理科学进展，28（2）：285-291.

刘红光，范晓梅. 2014. 中国区域间隐含碳排放转移[J]. 生态学报，（11）：3016-3024.

刘佳骏，李雪慧，史丹. 2013. 中国碳排放重心转移与驱动因素分析[J]. 财贸经济，（12）：112-123.

刘小川，汪曾涛. 2009. 二氧化碳减排政策比较以及我国的优化选择[J]. 上海财经大学学报，（4）：73-80，88.

刘晓. 2012. 中国区域碳排放配额控制政策的建模和系统开发研究[D]. 上海：华东师范大学.

马树才，李国柱. 2006. 中国经济增长与环境污染关系的 Kuznets 曲线[J]. 统计研究，（8）：37-40.

蒙少东. 1999. 美国的酸雨计划及效果对我国环保管理的启迪[J]. 华侨大学学报（哲学社会科学版），（S1）：49-52.

孟彦菊，成蓉华，黑韶敏. 2013. 碳排放的结构影响与效应分解[J]. 统计研究，30（4）：76-82.

欧元明，周少甫. 2014. 省域碳排放影响因素比较研究[J]. 工业技术经济，（6）：34-41.

潘家华. 2008. 满足基本需求的碳预算及其国际公平与可持续含义[J]. 世界经济与政治，（1）：35-42.

潘家华，郑艳. 2009. 基于人际公平的碳排放概念及其理论含义[J]. 世界经济与政治，（10）：6-16.

潘雄锋，舒涛，徐大伟. 2011. 中国制造业碳排放强度变动及其因素分解[J]. 中国人口·资源与环境，21（5）：101-105.

钱谊，周军英. 2001. 运用市场机制控制大气污染——美国酸雨计划中的 $SO_2$ 排放交易系统[J]. 农业环境保护，（6）：465-467.

邱俊永，钟定胜，俞俏翠. 2011. 基于基尼系数法的全球 $CO_2$ 排放公平性分析[J]. 中国软科学，（4）：14-21.

任晓松，赵涛. 2013. 基于 STIRPAT 模型的中国二氧化碳排放影响因素动态冲击效应分析[J]. 西安电子科技大学学报（社会科学版），（2）：55-61.

沈利生. 2007. 我国对外贸易结构变化不利于节能降耗[J]. 管理世界，（10）：43-50.

施平. 2010. 基于空间面板数据的中国环境库兹涅茨曲线分析[J]. 世界经济与政治论坛，（6）：105-115.

石敏俊，王妍，张卓颖，等. 2012. 中国各省区碳足迹与碳排放空间转移[J]. 地理学报，（10）：1327-1338.

宋德勇，卢忠宝. 2009. 中国碳排放影响因素分解及其周期性波动研究[J]. 中国人口·资源与环境，19（3）：18-24.

宋德勇，刘习平. 2013. 中国省际碳排放空间分配研究[J]. 中国人口·资源与环境，23（5）：7-13.

孙敬水，陈稚蕊，李志坚. 2011. 中国发展低碳经济的影响因素研究——基于扩展的 STIRPAT 模型分析[J]. 审计与经济研究，（4）：85-93.

孙立成，程发新，李群. 2014. 区域碳排放空间转移特征及其经济溢出效应[J]. 中国人口·资源与环境，24（8）：17-23.

孙宁. 2011. 依靠技术进步实行制造业碳减排——基于制造业 30 个分行业碳排放的分解分析[J]. 中国科技论坛，（4）：44-48.

孙作人，周德群，周鹏. 2012. 工业碳排放驱动因素研究一种生产分解分析新方法[J]. 数量经济技术经济研究，（5）：63-74.

滕飞，何建坤，潘勋章，等. 2010. 碳公平的测度：基于人均历史累计排放的碳基尼系数[J]. 气候变化研究进展，（6）：449-455.

佟新华. 2012. 中国工业燃烧能源碳排放影响因素分解研究[J]. 吉林大学社会科学学报，52（4）：151-158.

王锋，吴丽华，杨超. 2010. 中国经济发展中碳排放增长的驱动因素研究[J]. 经济研究，（2）：123-136.

王万山，廖卫东. 2003. 中国排污权市场的经济学分析及制度设计[J]. 中国环保产业，（3）：
　　19-21.

王伟林，黄贤金. 2008. 区域碳排放强度变化的因素分解模型及实证分析——以江苏省为例[J].
　　生态经济，（12）：32-35.

王小钢. 2010. "共同但有区别的责任"原则的解读——对哥本哈根气候变化会议的冷静观察[J].
　　中国人口·资源与环境，20（7）：31-37.

王学义，张冲. 2013. 中国人口年龄结构与居民医疗保健消费[J]. 统计研究，30（3）：59-63.

吴洁，曲如晓. 2010. 论全球碳市场机制的完善及中国的对策选择[J]. 亚太经济，（4）：3-8.

吴静，王铮. 2009. 全球减排：方案剖析与关键问题[J]. 中国科学院院刊，24（5）：475-485.

吴静，王铮. 2010. 认识全球减排方案的核心问题[J]. 科技促进发展，（3）：21-25.

吴英姿，都红雯，闻岳春. 2014. 中国工业碳排放与经济增长的关系研究——基于 STIRPAT 模
　　型[J]. 华东经济管理，（1）：47-50.

吴玉萍，董锁成，宋键峰. 2002. 北京市经济增长与环境污染水平计量模型研究[J]. 地理研究，
　　（2）：239-246.

吴振信，石佳，王书平. 2014. 基于 LMDI 分解方法的北京地区碳排放驱动因素分析[J]. 中国科
　　技论坛，（2）：85-91.

肖宏伟，易丹辉. 2013. 中国区域工业碳排放空间计量研究[J]. 山西财经大学学报，235（8）：
　　1-11.

肖彦，王金叶，胡新添，等. 2006. 广西环境库兹涅茨曲线研究[J]. 西北林学院学报，（4）：
　　9-12，35.

肖雁飞，万子捷，刘红光. 2014. 我国区域产业转移中"碳排放转移"及"碳泄漏"实证研究——
　　基于 2002 年、2007 年区域间投入产出模型的分析[J]. 财经研究，（2）：75-84.

徐冬林，陈永伟. 2010. 环境质量对中国城镇居民健康支出的影响[J]. 中国人口·资源与环境，
　　24（4）：159-163.

徐国泉，刘则渊，姜照华. 2006. 中国碳排放的因素分解模型及实证分析：1995—2004[J]. 中国
　　人口·资源与环境，16（6）：158-161.

徐瑾，万威武. 2002. 交易成本与排污权交易体系的设计[J]. 中国软科学，（7）：115-118.

徐宽. 2008. 基尼系数的研究文献在过去八十年是如何拓展的[J]. 经济学，2（4）：757-777.

许广月，宋德勇. 2010. 中国碳排放环境库兹涅茨曲线的实证研究——基于省域面板数据[J]. 中
　　国工业经济，（5）：37-47.

许海平. 2012. 空间依赖、碳排放与人均收入的空间计量研究[J]. 中国人口·资源与环境，
　　22（9）：149-157.

许士春，何正霞. 2007. 中国经济增长与环境污染关系的实证分析：来自 1990—2005 省级面
　　板数据[J]. 经济体制改革，（4）：22-26.

闫云凤. 2014. 消费碳排放责任与中国区域间碳转移——基于 MRIO 模型的评估[J]. 工业技术经
　　济，（8）：91-98.

闫云凤，赵忠秀，王苒. 2013. 基于 MRIO 模型的中国对外贸易隐含碳及排放责任研究[J]. 世界
　　经济研究，（6）：54-58.

杨凯，叶茂，徐启新. 2003. 上海城市废弃物增长的环境库兹涅茨特征研究[J]. 地理研究，（1）：
　　60-66.

杨通进. 2010. 全球正义：分配温室气体排放权的伦理原则[J]. 中国人民大学学报，24（2）：2-10.

姚亮，刘晶茹. 2010. 中国八大区域间碳排放转移研究[J]. 中国人口·资源与环境，20（12）：16-19.

姚奕，倪勤. 2011. 中国地区碳强度与FDI的空间计量分析——基于空间面板模型的实证研究[J]. 经济地理，（9）：1432-1438.

尹向飞. 2011. 人口、消费、年龄结构与产业结构对湖南碳排放的影响及其演进分析——基于STIRPAT模型[J]. 西北人口，32（2）：65-69.

余慧超，王礼茂. 2009. 中美商品贸易的碳排放转移研究[J]. 自然资源学报，1（2）：1837-1846.

郁璇. 2013. 我国省级碳排放配额的制度优化研究[D]. 天津：天津大学.

张传平，谢晓慧，曹斌斌. 2012. 我国工业分行业二氧化碳排放差异及影响因素分析——基于改进的STIRPAT模型的面板数据实证分析[J]. 生态经济，（9）：113-116，129.

张捷，张玉媚. 2006. 广东省的库兹涅茨环境曲线及其决定因素——广东省工业化进程中经济增长与环境变迁关系的实证研究[J]. 广东社会科学，（3）：17-23.

张磊. 2010. 国际气候政治的中国困境——一种微观层次的梳理[J]. 教学与研究，（2）：68-74.

张为付，李逢春，胡雅蓓. 2014. 中国$CO_2$排放的省际转移与减排责任度量研究[J]. 中国工业经济，（3）：57-69.

张友国. 2010. 经济发展方式变化对中国碳排放强度的影响[J]. 经济研究，（4）：120-133.

赵慧卿. 2013. 我国各地区碳减排责任再考察——基于省际碳排放转移测算结果[J]. 经济经纬，（6）：7-12.

赵细康，李建民，王金营，等. 2005. 环境库兹涅茨曲线及在中国的检验[J]. 南开经济研究，（3）：48-54.

赵欣，龙如银. 2010. 江苏省碳排放现状及因素分解实证分析[J]. 中国人口·资源与环境，20（7）：25-30.

郑长德，刘帅. 2011. 基于空间计量经济学的碳排放与经济增长分析[J]. 中国人口·资源与环境，21（5）：80-86.

仲云云，仲伟周. 2012. 我国碳排放的区域差异及驱动因素分析——基于脱钩和三层完全分解模型的实证研究[J]. 财经研究，38（2）：123-133.

朱勤，彭希哲，陆志明，等. 2009. 中国能源消费碳排放变化的因素分解及实证分析[J]. 资源科学，31（12）：2072-2079.

庄贵阳. 2006. 欧盟温室气体排放贸易机制及其对中国的启示[J]. 欧洲研究，（3）：68-87，158.

庄宇，张敏，郭鹏. 2007. 西部地区经济发展与水文环境质量的相关分析[J]. 环境科学与技术，30（4）：50-52.

Agras J，Chapman D. 1999. A dynamic approach to the environmental Kuznets curve hyothesis[J]. Ecological Economics，28（2）：267-277.

Ahmad N，Wyckoff A. 2003. Carbon dioxide emissions embodied in international trade of goods[J]. OECD Science Technology and Industry Working Papers，25（4）：1-22.

Alvarez J，Arellano M. 2003. The time series and cross-section asymptotics of dynamic panel data estimators[J]. Econometrica，71（4）：1121-1159.

Anderson T W，Hsiao C. 1981. Estimation of dynamic models with error components[J]. Journal of the American Statistical Association, 76 (375): 598-606.

Ang B W. 1993. Sector disaggregation, structural effect and industrial energy use: an approach to analyze the interrelationships[J]. Energy, 18 (10): 1033-1044.

Ang B W. 2004. Decomposition analysis for policy making in energy: which is the preferred method[J]. Energy Policy, 32 (9): 1131-1139.

Ang B W. 2005. The LMDI approach to decomposition analysis: a practical guide[J]. Energy Policy, 33 (7): 867-871.

Ang J B. 2009. $CO_2$ emissions, research and technology transfer in China[J]. Ecological Economics, 68 (10): 2658-2665.

Ang B W, Choi K H. 1997. Decomposition of aggregate energy and gas emission intensities for industry: a refined Divisia index method[J]. Energy Journal, 18 (3): 59-73.

Ang B W, Liu F L, Chew E P. 2003. Perfect decomposition techniques in energy and environmental analysis[J]. Energy Policy, 31 (14): 1561-1566.

Ang B W, Liu N. 2007a. Negative-value problems of the logarithmic mean Divisia index decomposition approach[J]. Energy Policy, 35 (1): 739-742.

Ang B W, Liu N. 2007b. Handling zero values in the logarithmic mean Divisia index decomposition approach[J]. Energy Policy, 35 (1): 238-246.

Ang B W, Pandiyan G. 1997. Decomposition of energy—induced $CO_2$ emissions in manufacturing[J]. Energy Economics, 19 (3): 363-374.

Ang B W, Zhang F Q. 2000. A survey of index decomposition analysis in energy and environmental studies[J]. Energy, 25 (12): 1149-1176.

Ang B W, Zhang F Q, Choi K H. 1998. Factorizing changes in energy and environmental indicators through decomposition[J]. Energy, 23 (6): 489-495.

Anselin L. 1988. Spatial Econometrics: Methods and Models[M]. Netherlands: Kluwer Academic.

Anselin L. 1992. Space and applied econometrics[J]. Regional Science and Urban Economics, 22 (3): 307-316.

Anselin L. 2001. Spatial econometrics[M]//Baltagi B H. A Companion to Theoretical Econometric. Massachusetts: Blackwell Publishers.

Anselin L, Bera A K. 1998. Spatial dependence in linear regression models with an introduction to spatial econometrics[M]//Ullah A, Giles D E A. Handbook of Applied Economics Statistics. New York: Marcel Dekker.

Anselin L, Florax R. 1995. New Directions in Spatial Econometrics[M]. Berlin: Springer.

Anselin L, Gallo J L, Jayet H. 2008. Spatial Panel Econometrics[M]. Berlin: Springer.

Anselin L, Rey S J. 1997. Introduction to the special issue on spatial econometrics[J]. International Regional Science Review, 20 (1-2): 1-7.

Arellano M, Bond O. 1991. Some tests of specification for panel data: Monte Carlo evidence and an application to employment equations[J]. Review of Economic Studies, 58 (2): 277-297.

Azomahou T, Laisney F, van Phu N. 2006. Economic development and $CO_2$ emissions: a nonparametric panel approach[J]. Journal of Public Economics, 90 (6-7): 1347-1363.

Baltagi B H. 2003. Panel data econometrics: method-of-moments and limited dependent variables[J].

Journal of the American Statistical Association, 98 (463): 769-770.

Baltagi B H. 2005. A hausman test based on the difference between fixed effects two-stage least squares and error components two-stage least squares[J]. Econometric Theory, 21 (1): 483-484.

Baltagi B H. 2006. An alternative derivation of mundlak's fixed effects results using system estimation[J]. Econometric Theory, 22 (6): 1191-1194.

Baltagi B H. 2007. On the use of panel data methods to estimate rational addiction models[J]. Scottish Journal of Political Economy, 54 (1): 1-18.

Baltagi B H. 2008. Forecasting with panel data[J]. Journal of Forecasting, 27 (2): 153-173.

Baltagi B H. 2009. Longitudinal data analysis[J]. Journal of the Royal Statistical Society, 172 (4): 939-940.

Baltagi B H, Bresson G, Griffin J M, et al. 2003. Homogeneous, heterogeneous or shrinkage estimators? Some empirical evidence from French regional gasoline consumption[J]. Empirical Economics, 28 (4): 795-811.

Baltagi B H, Liu L. 2008. Testing for random effects and spatial lag dependence in panel data models[J]. Statistics & Probability Letters, 78 (18): 3304-3306.

Baltagi B H, Song S H, Koh W, 2003. Testing panel data regression models with spatial error correlation[J]. Journal of Econometrics, 117 (1): 123-150.

Baltagi B H, Song S H, Kwon J H. 2009. Testing for heteroskedasticity and spatial correlation in a random effects panel data model[J]. Computational Statistics & Data Analysis, Elsevier, 53 (8): 2897-2922.

Baltagi B, Bresson G, Pirotte A. 2007a. Panel unit root tests and spatial dependence[J]. Journal of Applied Econometrics, 22 (3): 339-360.

Baltagi B, Egger P, Pfaffermayr M. 2007b. A generalized spatial panel data model with random effects[J]. Econometric Reviews, 2013, 32 (5-6): 650-685.

Baltagi B, Levin D. 1986. Estimating dynamic demand for cigarettes using panel data: the effects of bootlegging, taxation and advertising reconsidered[J]. The Review of Economics and Statistics, 68 (1): 148-155.

Baltagi B, Levin D. 1992. Cigarette taxation: raising revenues and reducing consumptions[J]. Structural Change and Economic Dynamics, 3 (2): 321-335.

Baltagi B, Li D. 2006. Prediction in the panel data model with spatial correlation: the case of liquor[J]. Spatial Economic Analysis, 1 (2): 175-185.

Baltagi B, Song S H, Jung B C, et al. 2007c. Testing for serial correlation, spatial autocorrelation and random effects using panel data[J]. Journal of Econometrics, 140 (1): 5-51.

Baltagi B, Song S H, Koh W. 2003. Testing panel data regression models with spatial error correlation[J]. Journal of Econometrics, 117 (1): 123-150.

Barkin D. 2009. State control of the environment: politics and degradation in Mexico*[J]. Capitalism Nature Socialism, 2 (1): 86-108.

Bertinelli L, Strobl E. 2003. Urbanization, urban concentration and economic growth in developing countries[J]. Social Science Electronic Publishing, 44 (2003076).

Bhargava A, Sargan J D. 1983. Estimating dynamic random effects models from panel data covering short time periods[J]. Econometrica, 51 (6): 1635-1659.

Blundell R, Bond S. 1998. Initial conditions and moment restrictions in dynamic panel data models[J]. Journal of Econometrics, 87 (1): 115-143.

Boserup E. 1980. Population and Technological Change: A Study of Long-Term Trends[M]. Chicago: University of Chicago Press.

Boyd G, Mcdonald J F, Ross M, et al. 1987. Separating the changing composition of U. S. manufacturing production from energy efficiency improvements: a Divisia index approach[J]. Energy Journal, 8 (2): 77-96.

Bun M, Carree M. 2005. Bias-corrected estimation in dynamic panel data models[J]. Journal of Business & Economic Statistics, 23 (April): 200-210.

Case A. 1991. Spatial patterns in household demand[J]. Econometrica, 59 (4): 953-965.

Case A, Hines J R, Rosen H S. 1993. Budget spillovers and fiscal policy interdependence: evidence from the states[J]. Journal of Public Economics, 52 (3): 285-307.

Chen Z M, Chen G Q. 2011. An overview of energy consumption of the globalized world economy[J]. Energy Policy, 39 (10): 5920-5928.

Cizek P, Jacobs J, et al. 2011. GMM estimation of fixed effects dynamic panel data models with spatial lag and spatial errors[J]. Ssrn Electronic Journal, 134 (6): 274-275.

Cliff A D, Ord J K. 1973. Spatial Autocorrelation[M]. Berlin: Springer.

Cole M A, Neumayer E. 2004. Examining the impact of demographic factors on air pollution[J]. Population & Environment, 26 (1): 5-21.

Commoner B. 1992. Making Peace with the Planet[M]. NewYork: The New Press.

Coondoo D, Dinda S. 2002. Causality between income and emission: a country group-specific econometric analysis[J]. Ecological Economics, 40 (3): 351-367.

Cox D R, Reid N. 1987. Parameter orthogonality and approximate conditional inference[J]. Journal of the Royal Statistical Society Series B: Methodological, 49 (1): 1-39.

Cox D R. 1975. Partial likelihood[J]. Biometrika, 62 (2): 269-276.

Cressie N. 1993. Statistics for Spatial Data[M]. New York: Wiley.

Daily G C, Ehrlich P R. 1992. Population, sustainability, and earth's carrying capacity[J]. BioScience, 42 (10): 761-771.

Davis S J, Caldeira K. 2010. Consumption based accounting of $CO_2$ emissions[J]. Proceedings of the National Academy of Sciences, 107 (12): 5687-5692.

Day K M, Grafton R Q. 2003. Growth and the environment in Canada: an empirical analysis[J]. Canadian Journal of Agricultural Economics/Revue Canadienne D'agroeconomie, 51 (2): 197-216.

Debarsy N, Ertur C. 2010. Testing for spatial autocorrelation in a fixed effects panel data model[J]. Regional Science & Urban Economics, 40 (6): 453-470.

Diao X D, Zeng S X, Tam C M, et al. 2009. EKC analysis for studying economic growth and environmental quality: a case study in China[J]. Journal of Cleaner Production, 17 (5): 541-548.

Dietz T, Rosa E A. 1997. Effects of population and affluence on $CO_2$ emissions[J]. Proceedings of the National Academy of Sciences, 94（1）: 175-179.

Doblin C P. 1988. Declining energy intensity in the U. S. manufacturing sector[J]. The Energy Journal, 9（2）: 109-136.

Druska V, Horrace W C. 2004. Generalized moments estimation for spatial panel data: indonesian rice farming[J]. American Journal of Agricultural Economics, 86（1）: 185-198.

Duro J A, Padilla E. 2006. International inequalities in per capita $CO_2$ emissions: a decomposition methodology by Kaya factors[J]. Energy Economics, 28（2）: 170-187.

Egger P, Pfaffermayr M, Winner H. 2005. An unbalanced spatial panel data approach to US state tax competition[J]. Economics Letters, 88（3）: 329-335.

Egli H. 2001. Are cross-country studies of the environmental Kuznets curve misleading? New evidence from time series data for Germany[J]. SSRN Electronic Journal, 16（1）: 21-26.

Ehrlich P R. 1968. The Population Bomb[M]. New York: Ballantine.

Elhorst J P. 2003. Specification and estimation of spatial panel data models[J]. International Regional Science Review, 26（3）: 244-268.

Elhorst J P. 2005. Unconditional maximum likelihood estimation of linear and log-linear dynamic models for spatial panels[J]. Geographical Analysis, 37（1）: 85-106.

Elhorst J P. 2010. Spatial panel data models[M]//Fischer M, Getis A. Handbook of Applied Spatial Analysis[M]. Berlin: Springer.

Ehrlich P R, Holdren J P. 1971. Impact of population growth[J]. Science, 171（3977）: 1212-1217.

Ehrlich J P, Paul R, Ann H E. 1990. The Population Explosion[M]. New York: Simon and Schuster.

Ertur C, Koch W. 2007. Growth, technological interdependence and spatial externalities: theory and evidence[J]. Journal of Applied Econometrics, 22（6）: 1033-1062.

Feng K, Hubacek K, Guan D. 2009. Lifestyles, technology and $CO_2$ emissions in china-a regional comparative analysis[J]. Ecological Economies,（69）: 145-154.

Foote C L. 2007. Space and time in macroeconomic panel data: young workers and state-level unemployment revisited[J]. SSRN Electronic Journal: 1-20.

Franzese R J. 2007. Spatial econometric models of cross-sectional interdependence in political science panel and time-series-cross-section data[J]. Political Analysis, 15（2）: 140-164.

Frazier C, Kockelman K M. 2005. Spatial econometric models for panel data: incorporating spatial and temporal data[J]. Transportation Research Record: Journal of the Transportation Research Board, 1902（1）: 80-90.

Friedl B, Getzner M. 2003. Determinants of $CO_2$ emissions in a small open economy[J]. Ecological Economics, 45（1）: 133-148.

Galeottia M, Lanza, 2005. A desperately seeking environmental Kuznets[J]. Environmental Modelling & Software, 20（11）: 1379-1388.

Groot L. 2010. Carbon Lorenz curves[J]. Resource and Energy Economics, 32（1）: 45-64.

Grossman G M, Krueger A B. 1991. Environmental impacts of a north American free trade agreement[J]. Social Science Electronic Publishing, 8（2）: 223-250.

Grossman G, Krueger A B. 1995. Economic growth and the environment[J]. Quarterly Journal of

Economics，110（2）：353-377.

Guo J E，Zhang Z K，Meng L. 2012. China's provincial $CO_2$ emissions embodied in international and interprovincial trade[J]. Energy Policy，42（C）：486-497.

Hahn J，Kuersteiner G. 2002. Asymptotically unbiased inference for a dynamic panel model with fixed effects when both n and T are large[J]. Econometrica，70（4）：1639-1657.

Hahn J，Newey W. 2004. Jackknife and analytical bias reduction for nonlinear panel models[J]. Econometrica，72（4）：1295-1319.

He J，Richard P. 2009. Environmental Kuznets curve for $CO_2$ in Canada[J]. Ecological Economics，69（5）：1083-1093.

Hedenus F，Azar C. 2005. Estimates of trends in global income and resource inequalities[J]. Ecological Economics，55（3）：351-364.

Heil M T，Wodon Q T. 1997. Inequality in $CO_2$ emissions between poorand rich countries[J]. Journal of Environmentand Development，6（4）：426-452.

Heil M T，Wodon Q T. 2000. Future inequality in $CO_2$ emissions and the impact of abatement proposals[J]. Environmental and Resource Economics，17（2）：163-181.

Hsiao C. 1986. Analysis of Panel Data[M]. Cambridge：Cambridge University Press.

Jerrett M，Eyles J，Dufournaud C. 2003. Environmental influences on health care expenditures：an exploratory analysis from Ontario，Canada[J]. Journal of Epidemiology and Community Health，57（3）：334-338.

Kahn M E. 1998. A household level environmental Kuznets curve[J]. Economics Letters，59（2）：269-273.

Kalbfleisch J D，Sprott D A. 1970. Application of likelihood methods to models involving large numbers of parameters[J]. Journal of the Royal Statistical Society Series B：Methodological，32（2）：175-208.

Kapoor M，Kelejian H H，Prucha I R. 2007. Panel data models with spatially correlated error components[J]. Journal of Econometrics，140（1）：97-130.

Kaufmann R K. 1995. The economic multiplier of environmental life support：can capital substitute for a degraded environment[J]. Ecological Economics，12（1）：67-79.

Kaufmann R K，Davidsdottir B，Garnham S，et al. 1998. The determinants of atmospheric $SO_2$，concentrations：reconsidering the environmental Kuznets curve[J]. Ecological Economics，25（2）：209-220.

Kaya Y. 1989. Impact of carbon dioxide emission control on GNP growth：interpretation of proposed scenarios，presentation to the energy and industry subgroup[R]. Response Strategies Working Group，IPCC.

Kelejian H H，Prucha I R. 1998. A generalized spatial two-stage least squares procedure for estimating a spatial autoregressive model with autoregressive disturbance[J]. Journal of Real Estate Finance and Economics，17（1）：99-121.

Kelejian H H，Prucha I R. 1999. A generalized moments estimator for the autoregressive parameter in a spatial model[J]. International Economic Review，40（2）：509-533.

Kelejian H H，Prucha I R. 2001. On the asymptotic distribution of the Moran I test statistic with applications[J]. Journal of Econometrics，104（2）：219-257.

Kelejian H H，Prucha I R. 2010. Specification and estimation of spatial autoregressive models with autoregressive and heteroskedastic disturbances[J]. Journal of Econometrics，157（1）：53-67.

Kelejian H H，Robinson D P. 1993. A suggested method of estimation for spatial interdependent models with autocorrelated errors，and an application to a county expenditure model[J]. Papers in Regional Science，72（3）：297-312.

Keller W，Shiue C H. 2007. The origin of spatial interaction[J]. Journal of Econometrics，140（1）：304-332.

Keyfitz N. 1991. Population and development within the ecosphere：one view of the literature[J]. Popul Index，57（57）：5-22.

Kiviet J. 1995. On bias，inconsistency，and efficiency of various estimators in dynamic panel data models[J]. Journal of Econometrics，68（1）：81-126.

Korniotis G M. 2005. A dynamic panel estimator with both fixed and spatial effects[D]. South Bend：University of Notre Dame.

Lancaster T. 2000. The incidental parameter problem since 1948[J]. Journal of Econometrics，95（2）：391-413.

Lee K，Oh W. 2006. Analysis of $CO_2$ emissions in APEC countries：a time-series and a cross-sectional decomposition using the log mean Divisia method[J]. Energy Policy，34（17）：2779-2787.

Lee L F. 2003. Best spatial two-stage least squares estimator for a spatial autoregressive model with autoregressive disturbances[J]. Econometric Reviews，22（4）：307-335.

Lee L F. 2004. Asymptotic distributions of quasi-maximum likelihood estimators for spatial econometric models[J]. Econometrica，72（6）：1899-1925.

Lee L F. 2007. GMM and 2SLS estimation of mixed regressive，spatial autoregressive models[J]. Journal of Econometrics，137（2）：489-514.

Lee L F，Yu J. 2010a. A spatial dynamic panel data model with both time and individual fixed effects[J]. Econometric Theory，26（2）：564-597.

Lee L F，Yu J. 2010b. Some recent developments in spatial panel data models[J]. Regional Science and Urban Economic，40（5）：255-271.

Lee L F，Yu J. 2010c. A unified estimation approach for spatial dynamic panel data models：stability，spatial cointegration and explosive roots[J]. Econometrics，4（1）：1-164.

Lee L F，Yu J. 2010d. Estimation of spatial autoregressive panel data models with fixed effects[J]. Journal of Econometrics，154（2）：165-185.

Levinson H. 1998. Factoring the EKC：evidence from the automotive emissions[J]. Journal of Environmental Economics and Management，35：125-141.

Liu L，Fan Y，Wu G，et al. 2007. Using LMDI method to analyze the change of China's industrial $CO_2$ emissions from final fuel use：an empirical analysis[J]. Energy Policy，35（11）：5892-5900.

Maddala G S. 1971. The use of variance components models in pooling cross section and time series data[J]. Econometrica，39（2）：341-358.

Magnus J R. 1982. Multivariate error components analysis of linear and nonlinear regression models by maximum likelihood[J]. Journal of Econometrics，19（2-3）：239-285.

MartíNez-Zarzoso I，Bengochea-Morancho A. 2004. Pooled mean group estimation of an environmental Kuznets curve for $CO_2$[J]. Economics Letters，82（1）：121-126.

Mazzanti M，Musolesi A，Zoboli R. 2006. A Bayesian bpproach to the estimation of environmental Kuznets curves for $CO_2$ emissions[J]. Ssrn Electronic Journal：1-28.

Meng B，Xue J，Feng K，et al. 2013. China's inter-regional spillover of carbon emissions and domestic supply chains[J]. Energy Policy，61（7）：1305-1321.

Meng L，Guo J E，Chai J，et al. 2011. China's regional $CO_2$ emissions: characteristics，inter-regional transfer and emission reduction policies[J]. Energy Policy，39（10）：6136-6144.

Meyer A L，Kooten G C V，Wang S. 2003. Institutional，social and economic roots of deforestation: a cross-country comparison[J]. International Forestry Review，5（1）：29-37.

Munksgaard J，Pedersen K A. 2001. $CO_2$ accounts for open economies: producer or consumer responsibility[J]. Energy Policy，29（4）：327-334.

Mutl J，Pfaffermayr M. 2010. The spatial random effects and the spatial fixed effects model: the Hausman test in a cliff and ord panel model[J]. Economics，14（1）：48-76.

Narayan P K，Narayan S. 2008. Does environment quality influence health expenditures？Empirical evidence from a panel of selected OECD countries[J]. Ecological Economics，65（2）：367-374.

Neidell M J. 2004. Air pollution，health and socio-economic status: the effect of outdoor air quality on childhood asthma[J]. Journal of Health Economics，（23）：1209-1236.

Neyman J，Scott E. 1948. Consistent estimates based on partially consistent observations[J]. Econometrica，16（1）：1-32.

Nickell S J. 1981. Biases in dynamic models with fixed effects[J]. Econometrica，49（6）：1417-1426.

Ord J K. 1975. Estimation methods for models of spatial interaction[J]. Journal of the American Statistical Association，70（349）：120-297.

Padilla E，Serrano A. 2006. Inequality in $CO_2$ emissions acrosscountries and its relationship with income inequality: a distri-butiveapproach[J]. Energy Policy，34（14）：1762-1772.

Paelinck J，Klaassen L. 1979. Spatial Econometrics[M]. Farnborough: Saxon House.

Pan J H，Phillips J，Chen Y. 2008. China's balance of emission bodied in trade: approaches to measurement and allocating international responsibility[J]. Oxford Review of Economic Policy，24（2）：354-376.

Park S H. 1992. Decomposition of industrial energy consumption: an alternative method[J]. Energy Economics，14（4）：265-270.

Peters G P，Hertwich E G. 2008. Post-Kyoto greenhouse gas inventories: production versus consumption[J]. Climatic Change，86（1）：51-66.

Peters G P，Minx J C，Weber C L，et al. 2011. Growth in emission transfers via international trade from 1990 to 2008[J]. Proceedings of the National Academy of Sciences of the United States of America，108（21）：8903-8908.

Phetkeo P，Shinji K. 2010. Does urbanization lead to less energy use and lower $CO_2$ emissions？A cross-country analysis[J]. Ecological Economics，（70）：434-444.

Revelli F. 2001. Spatial patterns in local taxation: tax mimicking or error mimicking[J]. Applied Economics, (33): 1101-1107.

Richmond A K, Kaufmann R K. 2006. Is there a turning point in the relationship between income and energy use and/or carbon emissions[J]. Ecological Economics, 56 (2): 176-189.

Ridker R G. 1972. Population, Resources and the Environment[M]. Washington: U. S. Government Printing Office.

Roca J, Hntara V A. 2001. Energy intensity, $CO_2$ emissions and the environmental Kuznets curve: the Spanish case[J]. Energy Policy, 29 (7): 553-556.

Rothman D S. 1998. Environmental Kuznets curves real rogress or passing the buck? A case for consumption-based approaches[J]. Ecological Economics, 25 (2): 177-194.

Schipper L, Murtishaw S, Khrushch M. 2001. Carbon emissions from manufacturing energy use in 13 IEA countries: long-term trends through 1995[J]. Energy Policy, 29 (9): 667-688.

Selden T M, Song D. 1994. Environmental quality and development: is there a Kuznets curve for air pollution emissions[J]. Journal of Environmental Economics & Management, 27 (2): 147-162.

Shafik N, Bandyopadhyay S. 1992. Economic growth and environmental quality: time series and cross-country evidence[Z]. Policy Research Working Paper.

Sheinbaum C, Ozawa L, Castillo D. 2010. Using logarithmic mean Divisia index to analyze changes in energy use and carbondioxide emissions in Mexico's iron and steel industry[J]. Energy Economics, 32 (6): 1337-1344.

Shi A. 2003. The impact of population pressure on global carbon dioxide emissions, 1975—1996: evidence from pooled cross-country data[J]. Ecol Economics, 44 (1): 29-42.

Shiue C H. 2002. Transport costs and the geography of arbitrage in eighteen-century China[J]. American Economic Review, 92 (5): 1406-1419.

Shorrocks A F. The class of additively decomposable inequalitymeasures[J]. Econometrica, 1980, 48 (3): 613-625.

Shrestha R M, Timilsina G R. 1996. Factors affecting $CO_2$ intensities of power sector in Asia: a Divisia decomposition analysis[J]. Energy Economics, 18 (4): 283-293.

Simon J L. 1981. Environmental disruption or environmental improvement[J]. Social Science Quarterly, 62 (1): 30-43.

Song T, Zheng T, Tong L. 2008. An empirical test of the environmental Kuznets curve in China: a panel cointegration approach[J]. China Economic Review, 19 (3): 381-392.

Su L, Yang Z. 2015. QML estimation of dynamic panel data models with spatial errors[J]. Journal of Econometrics, 185 (1): 230-258.

Sun J W. 1998. Changes in energy consumption and energy intensity: a complete decomposition model[J]. Energy Economics, 20 (1): 85-100.

Timmer M P, Szirmai A. 2000. Productivity growth in Asian manufacturing: the structural bonus hypothesis examines[J]. Structural Change & Economic Dynamics, 11 (4): 371-392.

Yang Z, Li C, Tse Y K. 2006. Functional form and spatial dependence in dynamic panels[J]. Economic Letters, 91 (10): 138-145.

York R，Rosa E A，Dietz T. 2003. STIRPAT，IPAT and ImPACT：analytic tools for unpacking the driving forces of environmental impacts[J]. Ecological Economics，46（3）：351-365.

Yu J，Jong R D，Lee L F. 2008. Quasi-maximum likelihood estimators for spatial dynamic panel datawith fixed effects when both nand tare large[J]. Journal of Econometrics，146（1）：118-134.

Yu J，Lee L F. 2010. Estimation of unit root spatial dynamic panel data models[J]. Econometric Theory，26（5）：1332-1362.

Zhang F Q，Ang B W. 2001. Methodological issues in cross-country/region decomposition of energy and environment indicators[J]. Energy Economics，23（2）：179-190.

# 附 表

附表 1 1995~2011 年 30 个省份及全国人均碳排放（单位：吨）

| | 1995 | 1996 | 1997 | 1998 | 1999 | 2000 | 2001 | 2002 | 2003 | 2004 | 2005 | 2006 | 2007 | 2008 | 2009 | 2010 | 2011 |
|---|---|---|---|---|---|---|---|---|---|---|---|---|---|---|---|---|---|
| 北京 | 6.213 | 6.354 | 6.124 | 6.23 | 6.086 | 5.785 | 5.805 | 5.475 | 5.663 | 6.18 | 6.221 | 6.265 | 6.26 | 5.867 | 5.782 | 5.339 | 4.743 |
| 天津 | 6.428 | 6.019 | 6.117 | 6.128 | 6.168 | 6.47 | 6.739 | 7.259 | 7.898 | 9.028 | 9.46 | 9.821 | 10.066 | 9.908 | 10.209 | 10.531 | 11.003 |
| 河北 | 3.95 | 3.975 | 4.014 | 3.959 | 4.041 | 4.17 | 4.356 | 28.534 | 5.469 | 6.355 | 7.927 | 8.51 | 9.272 | 9.508 | 10.106 | 10.669 | 11.993 |
| 山西 | 10.644 | 10.81 | 10.262 | 10.465 | 9.443 | 9.661 | 10.738 | 13.04 | 14.661 | 15.402 | 16.718 | 18.412 | 19.337 | 18.485 | 18.222 | 18.747 | 20.558 |
| 内蒙古 | 4.248 | 4.598 | 5.32 | 4.781 | 4.936 | 5.292 | 5.626 | 6.223 | 8.149 | 10.354 | 12.793 | 15.082 | 17.435 | 20.642 | 22.417 | 24.291 | 30.273 |
| 辽宁 | 5.74 | 5.547 | 5.371 | 5.126 | 4.953 | 5.545 | 5.432 | 5.598 | 6.097 | 6.577 | 7.915 | 8.594 | 9.073 | 9.591 | 10.118 | 10.86 | 11.784 |
| 吉林 | 4.01 | 4.231 | 4.1 | 3.535 | 3.526 | 3.439 | 3.606 | 3.756 | 4.141 | 4.599 | 5.7 | 6.308 | 6.091 | 7.033 | 7.273 | 8.105 | 9.276 |
| 黑龙江 | 3.911 | 3.713 | 4.065 | 3.692 | 3.651 | 3.729 | 3.559 | 3.535 | 4.068 | 4.513 | 5.164 | 5.479 | 5.975 | 6.543 | 6.631 | 7.282 | 7.854 |
| 上海 | 8.074 | 8.267 | 8.307 | 8.342 | 8.456 | 8.284 | 8.227 | 8.144 | 8.6 | 8.725 | 9.079 | 9.628 | 9.83 | 9.992 | 9.786 | 8.923 | 9.072 |
| 江苏 | 2.793 | 2.78 | 2.644 | 2.695 | 2.737 | 2.749 | 2.785 | 2.991 | 3.341 | 4.163 | 5.33 | 5.933 | 6.468 | 6.588 | 6.749 | 7.386 | 8.663 |
| 浙江 | 2.317 | 2.499 | 2.512 | 2.501 | 2.589 | 2.799 | 2.863 | 3.071 | 3.616 | 4.078 | 4.721 | 5.502 | 6.115 | 6.17 | 6.267 | 6.318 | 6.706 |
| 安徽 | 1.919 | 2.029 | 1.959 | 2.015 | 2.052 | 2.224 | 2.361 | 2.464 | 2.742 | 2.785 | 3.009 | 3.244 | 3.625 | 4.177 | 4.607 | 5.027 | 5.47 |
| 福建 | 1.302 | 1.417 | 1.331 | 1.412 | 1.554 | 1.628 | 1.632 | 1.968 | 2.343 | 2.76 | 3.481 | 3.814 | 4.313 | 4.523 | 5.043 | 5.211 | 6.183 |
| 江西 | 1.651 | 1.486 | 1.395 | 1.35 | 1.366 | 1.42 | 1.48 | 1.54 | 1.837 | 2.23 | 2.46 | 2.655 | 2.923 | 2.943 | 3.044 | 3.554 | 3.96 |
| 山东 | 2.576 | 2.639 | 2.599 | 2.53 | 2.519 | 2.3 | 2.777 | 3.099 | 3.72 | 4.569 | 6.49 | 7.187 | 8.18 | 8.538 | 8.738 | 9.57 | 10.052 |
| 河南 | 1.924 | 1.943 | 1.861 | 1.905 | 1.937 | 2.013 | 2.145 | 2.34 | 2.557 | 3.391 | 4.312 | 4.904 | 5.467 | 5.608 | 5.675 | 6.195 | 6.856 |
| 湖北 | 2.291 | 2.403 | 2.492 | 2.447 | 2.478 | 2.623 | 2.595 | 2.775 | 3.111 | 3.39 | 3.755 | 4.2 | 4.76 | 4.667 | 5.005 | 5.759 | 6.599 |
| 湖南 | 1.924 | 1.976 | 1.648 | 1.668 | 1.318 | 1.24 | 1.453 | 1.55 | 1.761 | 2.155 | 3.262 | 3.533 | 3.861 | 3.826 | 4.045 | 4.19 | 4.609 |
| 广东 | 2.138 | 2.185 | 2.135 | 2.217 | 2.298 | 2.099 | 2.191 | 2.347 | 2.678 | 2.993 | 3.421 | 3.717 | 3.971 | 4.085 | 4.232 | 4.224 | 4.715 |
| 广西 | 1.18 | 1.163 | 1.068 | 1.072 | 1.065 | 1.131 | 1.122 | 1.15 | 1.369 | 1.791 | 2.136 | 2.309 | 2.53 | 2.562 | 2.809 | 3.47 | 3.861 |
| 海南 | 0.763 | 0.828 | 0.872 | 0.971 | 1.028 | 1.06 | 0.637 | — | 2.567 | 2.303 | 1.887 | 2.07 | 2.406 | 2.645 | 2.819 | 3.249 | 4.127 |
| 重庆 | — | — | 2.083 | 2.24 | 2.367 | 2.543 | 2.385 | 2.622 | 2.37 | 2.694 | 3.234 | 3.495 | 4.497 | 4.668 | 4.985 | 5.455 | 6.141 |
| 四川 | 1.887 | 1.935 | 1.774 | 1.755 | 1.504 | 1.544 | 1.576 | 1.82 | 2.285 | 2.637 | 2.577 | 2.891 | 3.404 | 3.556 | 3.98 | 4.163 | 4.195 |
| 贵州 | 2.414 | 2.835 | 3.026 | 3.153 | 2.884 | 2.916 | 2.79 | 2.899 | 3.682 | 4.263 | 4.879 | 5.638 | 5.459 | 5.545 | 6.066 | 6.674 | 7.401 |
| 云南 | 1.702 | 1.832 | 1.938 | 1.864 | 1.748 | 1.766 | 1.835 | 2.099 | 2.763 | 3.417 | 3.97 | 4.336 | 4.499 | 4.599 | 4.962 | 5.204 | 5.339 |
| 陕西 | 2.467 | 2.611 | 2.352 | 2.273 | 1.975 | 1.837 | 2.054 | 2.339 | 2.605 | 3.302 | 3.759 | 4.529 | 5.105 | 5.662 | 6.173 | 7.472 | 8.432 |
| 甘肃 | 2.41 | 2.445 | 2.259 | 2.232 | 2.242 | 2.39 | 2.445 | 2.569 | 2.923 | 3.311 | 3.625 | 3.763 | 4.223 | 4.353 | 4.215 | 5.07 | 5.828 |

续表

| | 1995 | 1996 | 1997 | 1998 | 1999 | 2000 | 2001 | 2002 | 2003 | 2004 | 2005 | 2006 | 2007 | 2008 | 2009 | 2010 | 2011 |
|---|---|---|---|---|---|---|---|---|---|---|---|---|---|---|---|---|---|
| 青海 | 2.279 | 2.314 | 2.527 | 2.448 | 2.822 | 2.42 | 2.908 | 3.009 | 3.429 | 3.578 | 3.785 | 4.783 | 6.126 | 6.737 | 6.98 | 6.642 | 7.76 |
| 宁夏 | 4.413 | 4.448 | 4.38 | 4.205 | 4.118 | 4.036 | 4.509 | 5.048 | 10.811 | 10.314 | 11.404 | 12.37 | 13.918 | 15.286 | 16.704 | 19.718 | 26.657 |
| 新疆 | 3.732 | 4.108 | 3.856 | 3.812 | 3.66 | 3.72 | 3.816 | 3.901 | 4.24 | 4.832 | 5.207 | 5.88 | 6.409 | 7.165 | 8.629 | 9.451 | 11.242 |
| 全国 | 2.768 | 2.828 | 2.844 | 2.813 | 2.752 | 2.808 | 2.933 | 4.437 | 3.675 | 4.23 | 5.032 | 5.559 | 6.082 | 6.325 | 6.629 | 7.149 | 7.948 |

**附表2　1995～2011 年 30 个省份及全国二氧化碳排放密度（单位：吨/千米$^2$）**

| | 1995 | 1996 | 1997 | 1998 | 1999 | 2000 | 2001 | 2002 | 2003 | 2004 | 2005 | 2006 | 2007 | 2008 | 2009 | 2010 | 2011 |
|---|---|---|---|---|---|---|---|---|---|---|---|---|---|---|---|---|---|
| 北京 | 4627 | 4762 | 4520 | 4621 | 4554 | 4697 | 4785 | 4637 | 4908 | 5493 | 5695 | 5896 | 6085 | 5919 | 6040 | 6235 | 5700 |
| 天津 | 5357 | 5051 | 5157 | 5190 | 5234 | 5731 | 5988 | 6469 | 7066 | 8181 | 8731 | 9343 | 9933 | 10311 | 11095 | 12109 | 13194 |
| 河北 | 1355 | 1373 | 1396 | 1386 | 1424 | 1483 | 1555 | 10238 | 1972 | 2305 | 2894 | 3128 | 3430 | 3540 | 3788 | 4089 | 4626 |
| 山西 | 2096 | 2150 | 2062 | 2124 | 1936 | 2007 | 2248 | 2748 | 3109 | 3286 | 3589 | 3976 | 4198 | 4034 | 3996 | 4287 | 4726 |
| 内蒙古 | 82 | 90 | 105 | 95 | 99 | 106 | 113 | 125 | 164 | 209 | 260 | 306 | 354 | 421 | 459 | 508 | 635 |
| 辽宁 | 1610 | 1565 | 1523 | 1460 | 1416 | 1590 | 1561 | 1613 | 1759 | 1901 | 2290 | 2516 | 2673 | 2837 | 2995 | 3256 | 3540 |
| 吉林 | 555 | 589 | 575 | 499 | 500 | 492 | 518 | 541 | 603 | 665 | 826 | 917 | 887 | 1026 | 1063 | 1188 | 1361 |
| 黑龙江 | 318 | 304 | 335 | 306 | 304 | 312 | 298 | 296 | 341 | 379 | 434 | 461 | 502 | 550 | 558 | 614 | 662 |
| 上海 | 18134 | 18621 | 19211 | 19384 | 19783 | 21158 | 21783 | 22144 | 24108 | 25413 | 27236 | 27739 | 28992 | 29945 | 29840 | 32613 | 33805 |
| 江苏 | 1923 | 1926 | 1842 | 1887 | 1924 | 1963 | 1998 | 2159 | 2428 | 3053 | 3942 | 4366 | 4807 | 4929 | 5081 | 5665 | 6670 |
| 浙江 | 981 | 1064 | 1092 | 1093 | 1136 | 1284 | 1327 | 1438 | 1722 | 1969 | 2310 | 2686 | 3034 | 3097 | 3183 | 3373 | 3592 |
| 安徽 | 814 | 865 | 840 | 892 | 916 | 970 | 1036 | 1084 | 1210 | 1241 | 1318 | 1419 | 1587 | 1834 | 2022 | 2144 | 2337 |
| 福建 | 348 | 381 | 360 | 384 | 425 | 458 | 463 | 564 | 676 | 803 | 1021 | 1119 | 1273 | 1344 | 1508 | 1587 | 1896 |
| 江西 | 402 | 365 | 347 | 339 | 346 | 353 | 371 | 389 | 468 | 572 | 635 | 690 | 765 | 776 | 808 | 950 | 1064 |
| 山东 | 1458 | 1499 | 1484 | 1454 | 1455 | 1346 | 1632 | 1830 | 2207 | 2727 | 3903 | 4350 | 4982 | 5228 | 5380 | 5966 | 6298 |
| 河南 | 1048 | 1067 | 1030 | 1062 | 1089 | 1144 | 1227 | 1347 | 1480 | 1973 | 2422 | 2758 | 3064 | 3167 | 3224 | 3489 | 3854 |
| 湖北 | 711 | 753 | 787 | 777 | 791 | 797 | 790 | 847 | 951 | 1039 | 1153 | 1286 | 1459 | 1434 | 1540 | 1775 | 2044 |
| 湖南 | 581 | 600 | 503 | 512 | 406 | 384 | 452 | 485 | 554 | 682 | 974 | 1058 | 1158 | 1152 | 1224 | 1300 | 1435 |
| 广东 | 816 | 845 | 836 | 880 | 928 | 1009 | 1063 | 1153 | 1334 | 1515 | 1747 | 1921 | 2085 | 2166 | 2266 | 2450 | 2752 |
| 广西 | 227 | 226 | 210 | 212 | 213 | 228 | 228 | 236 | 282 | 371 | 422 | 462 | 511 | 523 | 578 | 678 | 760 |
| 海南 | 162 | 179 | 190 | 215 | 230 | 246 | 149 | — | 612 | 554 | 459 | 509 | 598 | 664 | 717 | 830 | 1065 |
| 重庆 | — | — | 770 | 833 | 884 | 880 | 820 | 896 | 807 | 914 | 1100 | 1192 | 1539 | 1610 | 1732 | 1912 | 2178 |
| 四川 | 444 | 459 | 311 | 310 | 267 | 267 | 267 | 307 | 388 | 443 | 440 | 491 | 575 | 601 | 677 | 696 | 702 |
| 贵州 | 481 | 573 | 620 | 655 | 608 | 622 | 602 | 632 | 810 | 946 | 1034 | 1204 | 1167 | 1195 | 1309 | 1319 | 1459 |
| 云南 | 177 | 193 | 207 | 202 | 191 | 195 | 205 | 237 | 315 | 394 | 461 | 507 | 530 | 545 | 592 | 625 | 645 |
| 陕西 | 422 | 450 | 408 | 398 | 348 | 326 | 365 | 417 | 465 | 591 | 675 | 823 | 931 | 1036 | 1132 | 1357 | 1535 |

续表

| | 1995 | 1996 | 1997 | 1998 | 1999 | 2000 | 2001 | 2002 | 2003 | 2004 | 2005 | 2006 | 2007 | 2008 | 2009 | 2010 | 2011 |
|---|---|---|---|---|---|---|---|---|---|---|---|---|---|---|---|---|---|
| 甘肃 | 129 | 133 | 124 | 124 | 125 | 132 | 135 | 143 | 163 | 185 | 203 | 216 | 243 | 252 | 244 | 286 | 329 |
| 青海 | 15 | 16 | 17 | 17 | 20 | 17 | 21 | 22 | 25 | 27 | 28 | 36 | 47 | 52 | 54 | 52 | 61 |
| 宁夏 | 341 | 349 | 350 | 341 | 337 | 337 | 382 | 435 | 944 | 913 | 1024 | 1125 | 1279 | 1422 | 1573 | 1880 | 2567 |
| 新疆 | 37 | 42 | 40 | 40 | 39 | 41 | 43 | 45 | 49 | 57 | 63 | 73 | 81 | 92 | 112 | 124 | 150 |
| 全国 | 406 | 418 | 414 | 413 | 407 | 421 | 442 | 673 | 541 | 650 | 770 | 855 | 941 | 985 | 1039 | 1135 | 1268 |

### 附表3　1995～2011年30个省份及全国碳排放强度（单位：吨/万元）

| | 1995 | 1996 | 1997 | 1998 | 1999 | 2000 | 2001 | 2002 | 2003 | 2004 | 2005 | 2006 | 2007 | 2008 | 2009 | 2010 | 2011 |
|---|---|---|---|---|---|---|---|---|---|---|---|---|---|---|---|---|---|
| 北京 | 5.156 | 4.759 | 3.891 | 3.475 | 3.039 | 2.656 | 2.308 | 1.921 | 1.752 | 1.628 | 1.461 | 1.299 | 1.105 | 0.952 | 0.889 | 0.79 | 0.627 |
| 天津 | 6.496 | 5.414 | 4.904 | 4.541 | 4.194 | 4.05 | 3.752 | 3.617 | 3.296 | 3.163 | 2.689 | 2.518 | 2.274 | 1.846 | 1.774 | 1.579 | 1.403 |
| 河北 | 8.923 | 7.945 | 7.051 | 6.503 | 6.302 | 5.872 | 5.63 | 33.984 | 5.692 | 5.432 | 5.773 | 5.448 | 5.035 | 4.417 | 4.39 | 4.005 | 3.77 |
| 山西 | 30.441 | 27.684 | 23.241 | 21.928 | 19.314 | 18.087 | 18.425 | 19.664 | 18.11 | 15.307 | 14.11 | 13.556 | 11.591 | 9.172 | 9.033 | 7.751 | 6.995 |
| 内蒙古 | 11.321 | 11.033 | 11.416 | 9.451 | 8.996 | 8.679 | 8.319 | 8.134 | 8.664 | 8.671 | 8.378 | 7.782 | 6.947 | 6.242 | 5.932 | 5.476 | 5.568 |
| 辽宁 | 8.409 | 7.695 | 6.602 | 5.842 | 5.27 | 5.289 | 4.817 | 4.588 | 4.551 | 4.424 | 4.419 | 4.198 | 3.718 | 3.222 | 3.057 | 2.739 | 2.473 |
| 吉林 | 9.139 | 8.727 | 7.83 | 6.307 | 5.93 | 5.03 | 4.871 | 4.594 | 4.52 | 4.247 | 4.551 | 4.276 | 3.349 | 3.185 | 2.913 | 2.733 | 2.568 |
| 黑龙江 | 7.269 | 6.214 | 5.991 | 5.297 | 5.14 | 4.794 | 4.258 | 3.944 | 4.071 | 3.859 | 3.808 | 3.589 | 3.423 | 3.203 | 3.144 | 2.865 | 2.547 |
| 上海 | 4.571 | 4.222 | 3.746 | 3.419 | 3.167 | 2.973 | 2.803 | 2.586 | 2.415 | 2.111 | 1.975 | 1.759 | 1.556 | 1.427 | 1.33 | 1.274 | 1.181 |
| 江苏 | 3.828 | 3.503 | 3.01 | 2.861 | 2.73 | 2.506 | 2.306 | 2.223 | 2.131 | 2.222 | 2.314 | 2.193 | 2.017 | 1.737 | 1.61 | 1.493 | 1.483 |
| 浙江 | 2.813 | 2.758 | 2.53 | 2.347 | 2.265 | 2.27 | 2.089 | 1.95 | 1.926 | 1.835 | 1.869 | 1.855 | 1.756 | 1.566 | 1.503 | 1.321 | 1.206 |
| 安徽 | 6.277 | 6.147 | 5.321 | 5.215 | 5.023 | 4.97 | 4.744 | 4.578 | 4.585 | 3.878 | 3.664 | 3.451 | 3.206 | 3.081 | 2.987 | 2.579 | 2.271 |
| 福建 | 2.012 | 1.98 | 1.62 | 1.569 | 1.607 | 1.569 | 1.469 | 1.629 | 1.752 | 1.798 | 2.011 | 1.904 | 1.777 | 1.603 | 1.591 | 1.39 | 1.394 |
| 江西 | 5.735 | 4.604 | 3.836 | 3.502 | 3.319 | 3.131 | 3.031 | 2.824 | 2.963 | 2.941 | 2.782 | 2.544 | 2.343 | 1.977 | 1.876 | 1.786 | 1.616 |
| 山东 | 4.526 | 4.171 | 3.717 | 3.389 | 3.178 | 2.642 | 2.906 | 2.915 | 2.991 | 2.972 | 3.478 | 3.251 | 3.164 | 2.766 | 2.598 | 2.493 | 2.273 |
| 河南 | 5.858 | 5.218 | 4.529 | 4.383 | 4.283 | 4.023 | 3.942 | 3.967 | 3.831 | 4.099 | 4.066 | 3.965 | 3.628 | 3.123 | 2.941 | 2.685 | 2.544 |
| 湖北 | 6.27 | 5.96 | 5.453 | 4.94 | 4.849 | 4.445 | 4.026 | 3.977 | 3.957 | 3.65 | 3.462 | 3.341 | 3.093 | 2.504 | 2.351 | 2.199 | 2.06 |
| 湖南 | 5.769 | 5.322 | 3.98 | 3.815 | 2.85 | 2.439 | 2.662 | 2.634 | 2.68 | 2.723 | 3.33 | 3.102 | 2.766 | 2.248 | 2.112 | 1.827 | 1.645 |
| 广东 | 2.475 | 2.368 | 2.06 | 1.976 | 1.922 | 1.799 | 1.691 | 1.636 | 1.612 | 1.539 | 1.484 | 1.384 | 1.257 | 1.128 | 1.099 | 1.02 | 0.991 |
| 广西 | 3.579 | 3.346 | 2.897 | 2.791 | 2.711 | 2.749 | 2.509 | 2.339 | 2.509 | 2.714 | 2.659 | 2.443 | 2.205 | 1.87 | 1.871 | 1.779 | 1.628 |
| 海南 | 1.52 | 1.659 | 1.676 | 1.76 | 1.749 | 1.69 | 0.932 | — | 3.103 | 2.447 | 1.81 | 1.728 | 1.726 | 1.6 | 1.567 | 1.455 | 1.528 |
| 重庆 | — | — | 4.467 | 4.553 | 4.657 | 4.305 | 3.632 | 3.516 | 2.766 | 2.639 | 2.777 | 2.673 | 2.882 | 2.435 | 2.323 | 2.113 | 1.906 |
| 四川 | 8.746 | 8.198 | 4.911 | 4.566 | 3.751 | 3.484 | 3.181 | 3.325 | 3.728 | 3.558 | 3.049 | 2.893 | 2.788 | 2.444 | 2.45 | 2.074 | 1.709 |
| 贵州 | 13.313 | 14.834 | 14.413 | 14.301 | 12.147 | 11.319 | 9.954 | 9.521 | 10.632 | 10.556 | 9.658 | 9.638 | 7.578 | 6.285 | 6.266 | 5.369 | 4.792 |
| 云南 | 5.555 | 5.193 | 5.037 | 4.489 | 4.105 | 3.964 | 3.915 | 4.185 | 5.034 | 5.21 | 5.431 | 5.188 | 4.529 | 3.907 | 3.913 | 3.528 | 2.959 |

| | 1995 | 1996 | 1997 | 1998 | 1999 | 2000 | 2001 | 2002 | 2003 | 2004 | 2005 | 2006 | 2007 | 2008 | 2009 | 2010 | 2011 |
|---|---|---|---|---|---|---|---|---|---|---|---|---|---|---|---|---|---|
| 陕西 | 8.358 | 8.098 | 6.555 | 5.966 | 4.776 | 3.949 | 3.971 | 4.045 | 3.933 | 4.074 | 3.753 | 3.795 | 3.537 | 3.099 | 3.033 | 2.934 | 2.684 |
| 甘肃 | 10.536 | 8.883 | 7.556 | 6.742 | 6.345 | 6.077 | 5.835 | 5.616 | 5.638 | 5.302 | 5.076 | 4.582 | 4.352 | 3.845 | 3.489 | 3.352 | 3.168 |
| 青海 | 6.536 | 6.529 | 6.572 | 5.933 | 6.4 | 5.05 | 5.394 | 4.972 | 4.994 | 4.403 | 4.026 | 4.301 | 4.513 | 3.901 | 3.829 | 2.949 | 2.809 |
| 宁夏 | 12.923 | 12.156 | 11.001 | 9.809 | 8.994 | 8.066 | 8.006 | 8.148 | 14.984 | 12.017 | 11.808 | 10.954 | 9.831 | 8.347 | 8.213 | 7.861 | 8.63 |
| 新疆 | 7.607 | 8.197 | 6.781 | 6.403 | 5.941 | 5.368 | 5.109 | 4.904 | 4.627 | 4.569 | 4.277 | 4.212 | 4.056 | 3.884 | 4.635 | 4.042 | 3.998 |
| 全国 | 5.598 | 5.242 | 4.674 | 4.364 | 4.049 | 3.787 | 3.595 | 4.986 | 3.684 | 3.625 | 3.716 | 3.524 | 3.157 | 2.798 | 2.719 | 2.522 | 2.391 |

# 后　记

本书是在作者的博士学位论文基础上修改完成的。本书的出版同时得到中南民族大学经济学院和中南民族大学区域经济协调发展研究团队的资助。

特别感谢中南民族大学经济学院的领导和同事们，正是由于他们的鞭策和鼓励，本书才得以顺利完成；感谢中南民族大学副校长李俊杰教授，感谢中南民族大学经济学院院长成艾华教授、副院长张英教授、李波副教授、陈祖海教授，感谢中南民族大学经济学院金融工程系主任陈全功教授，正是得益于他们的帮助与指导，本书才能及时与读者见面；还要感谢经济学院的其他同事们对本书提出的很多建设性意见和建议；同时还要感谢科学出版社的多位编辑在本书出版过程中付出的辛勤劳动。

在本书的写作过程中，借鉴了部分专家学者的研究成果，参考和引用了一些专家学者的观点，在此一并致以诚挚的谢意。

由于作者水平和能力有限，书中难免有不足之处，敬请诸位读者不吝赐教。

欧元明

2016 年 6 月于双子塔下南湖湖畔